イネ菌核病

病原菌の特徴・動きと発生生態

稲垣　公治　著

翔雲社

図版Ⅰ　各種菌核病の病徴

A　　　　B　　　　C　　　　D　　　　E

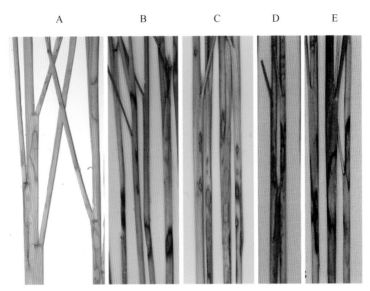

A：紋枯病、B：赤色菌核病、C：褐色菌核病、D：灰色菌核病、E：褐色紋枯病

F　　　　　G　　　　H

F：褐色小粒菌核病、G・H：イネ株上での褐色菌核病（G）と紋枯病
（H）の発生様相

図版 II　各種菌核病菌の菌叢形態 (各 2 菌株)

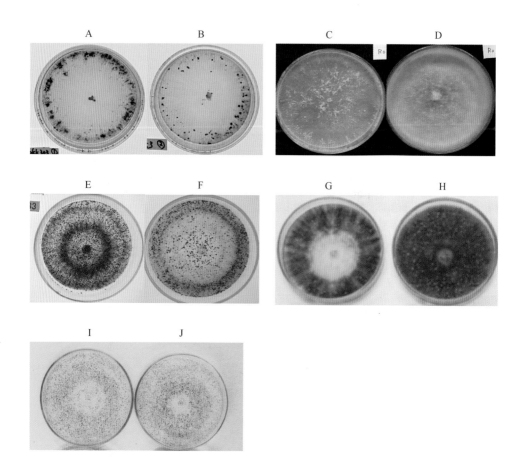

A・B：紋枯病菌、C・D：赤色菌核病菌、E・F：褐色菌核病菌、G・H：灰色菌核病菌、I・J：球状菌核病菌 (PSA
培地、14 日間培養)

まえがき

　イネの出穂前後に、その株元の部分から発病し始め次第に株の上位の葉鞘部へ進展する菌核病には、イネのいもち病と同様に重要病害である紋枯病や、他にいくつかの種類の重要な病気が含まれていて、それら個々の病気の病徴による水田での病名判定は難しい場合が多い。その原因としては、各種の菌核病がイネのほぼ同じ生育時期に発生することや、よく似た形状の病斑を作ったりすることなどである。

　これら各種の菌核病の水田における発生の特徴やそれらの病原菌についての研究成果は、主に 1910 年代から 1930 年代にかけての我が国の研究者による精力的な活動に基づくことが多い。菌核病の調査・研究は今日まで、このように長期にわたっているため、この期間中ではイネの栽培様式の変化、温暖化にともなう気候変動、また病原菌である菌核病菌の分類的所属の変遷も著しい。このような各種の変化や変動などに対応して、近年、水田における菌核病菌の動態と菌核病の発生生態について、様々な角度から興味深い内容が数多く報告されている。そのため、本書では菌核病の発生生態や菌核病菌の各種形態的、生理的特徴などについて最近の知見も踏まえて種々の情報提供を行い、これらのことを通して我が国の地理的に異なる地域での菌核病の発生様相、水田における植物病原糸状菌：菌核病菌の多様性と病害発生との関連を理解する。これら各種の情報が、菌核病診断とそれにともなう病害防除、さらには今後の本分野におけるさらなる調査・研究活動に資することができれば、現在、農業・農学に携わっておられる方々に有益となるのではと考えている。なお、これらイネ病害の概説には、病原菌の学名や各種器官、病名などの基本的な専門用語の使用が求められるが、これにはできるだけ英和対応で記述する。

　本稿を取りまとめるにあたり、多くの研究機関や研究者の方々に図表の使用等でご理解とご協力をいただいた。ここに心より感謝の意を表します。また、本書の作成にあたり、懇切丁寧にご指導いただいた翔雲社の編集部の方々に対して厚くお礼申し上げます。

　2020 年　初夏

稲垣　公治

目　次

第 I 章
菌核病の病徴と診断

　イネの紋枯病（sheath blight）は、通常、水田において普遍的に発生が見られる重要病害で、米の収量や品質等に大きな影響を及ぼすが、他の菌核病（sclerotial diseases）とは病徴などいろいろな点で共通点が多い。したがって、これらいくつかの菌核病はまとめて疑似紋枯病あるいは紋枯類似病（sheath blight-like diseases）と呼ばれることもある。そこで、本章では紋枯病も含めた菌核病の種類と研究史、それら菌核病の東北、東海、および九州の地域別の発生時期、さらに病気の診断のための様々な特徴について、病原菌学名の変遷と病原菌の宿主範囲（host range）も交えて概説する。

第1節　菌核病の種類と発生時期

1. 菌核病の種類と研究史

　イネの菌核病は数種の異なる病原菌による病害の総括的名称であって、これらの中には紋枯病も扱われており、さらに病状が明らかに異なるものや、病害間で容易に区別しがたいものも含んでいる（7）。病原菌が菌核形成をともなうことは菌核病の名称に重要であると考えられるが、このあたりの記述は確認できない。我が国におけるイネの菌核病についての調査・研究は、古くは1910年（明治43年）代から1930年（昭和5年）代にかけて精力的になされた。イネの菌核病はいもち病［病原菌：*Pyricularia grisea*（*P. oryzae*）］、白葉枯病［*Xanthomonas campestris* pv. *oryzae*（*Xanthomonas oryzae*）］等とともに我が国の各地で発生が確認され、最も重要な病害の1つとされていた（42）。このようなことが端緒となって、主として我が国の多くの研究者によって様々な種類の菌核病について調査・研究が行われるようになり、ここにその概要を紹介する。なお、記述中の年代や研究者名については、多くが中田・河村（25）、桜井（42）、Ou（39）の報告を参考にし、また、前出のように種々の病原菌の学名や器官名等の英和対応については、各種の学会出版の用語集や辞書等（6、9、26、27、28）に基づいた。

[1] 1917年（大正6年）、愛媛県立農事試験場の桜井（42）は菌核病の種類として ① 稲の 菌核第1号（クスノキ大粒白絹病または紋枯病：病原菌 *Hypochnus sasakii* Shirai）、② 稲の菌核第2号（球状菌核病：*Sclerotium hydrophilum* Saccardo）、③ 稲の菌核第3号（小球菌核病：*Helminthosporium sigmoideum*）、④ 稲の菌核第4号（小黒菌核病：*S. oryzae* Catt.）の4種類を挙げ、それぞれの病害で病徴、培養、接種試験、殺菌試験等について記述している。

[2] これら ① ～ ④ の4種類に加えて、1930年（昭和5年）に白井・原（44）は『実験作物病理学』にて、⑤ 褐色菌核病（*S. oryzae-sativae* Sawada）、⑥ 灰色菌核病（*S. fumigatum* Nakata）、⑦ 小粒白絹病（*S. rolfsii* Sacc.）、⑧ 黒腫病（*S. phyllacoroides* Hara）の4種類を追加し、計8種類について病徴、病原を記している。

[3] この翌年に、遠藤（1）は菌核病として ①、②、③、⑤、⑥、⑦、⑧ の7種

類を挙げて、主に菌糸、菌核の形態的比較を行っている。

[4] 中田（24）は 1934 年（昭和 9 年）に『作物病害図編』において、イネの病害 17 種類の中に ①、②、③、④、⑤、⑥ の 6 種類の菌核病を記している。さらに、中田・河村（25）は、1939 年（昭和 14 年）に上述の計 8 種類菌核病（① ～ ⑧）のうちの ①、②、③、④、⑤、⑥、⑦ の 7 種類に加えて、⑨ 赤色菌核病（*Rhizoctonia oryzae* Ryker et Gooch）、⑩ 褐色小粒菌核病（*S. orizicola* Nakata et Kawamura）、⑪ 黒粒菌核病（*Helicoceras oryzae* Linder et Tullis）の 3 種類を含め計 10 種類を記している。各病害については、病徴、病原菌の諸性質などの他に寄主植物や生態型などにも言及している。

[5] 約 30 年後の 1970 年（昭和 45 年）に、Hashioka（6）は *Rhizoctonia* と *Sclerotium* 属菌を大きく強病原性菌（virulent pathogens）と弱病原性菌（mild parasites）の 2 つに分け、さらに菌核病（菌核病菌による葉鞘斑点性病害：sheath spot diseases とする）として①、②、⑤、⑥、⑦、⑨、⑩ の 7 種類を挙げている。

[6] その後、1973 年（昭和 48 年）に野中・加来（31）は ①、②、③、④、⑤、⑥ と ⑫ 葉鞘網斑病菌（*Cylindrocladium scoparium* Morgan）を含めた 7 種類を挙げて菌核の内部構造解析を行い、さらにイネの紋枯病様病斑からの分離菌として①、②、⑤、⑥、⑨、および後述の ⑬ を列挙している（野中ら（32））。

1977 年（昭和 52 年）に、渡辺ら（49）により ⑬ 褐色紋枯病（*R. solani* Kuhn AG‒2‒2 ⅢB）が報告されて以来、この褐色紋枯病も菌核病の 1 つとして加えられ調査・研究がなされるようになってきた。本稿においては、これらいくつかの菌核病のうち、病原菌が *Rhizoctonia* と *Sclerotium* に所属するものから ①、②、⑤、⑥、⑨、⑩、⑬の 7 種類の菌核病を記載対象とする。

2.　発生時期

我が国は地理的に北は北海道から南は九州まで細長い弧状をしており、気候的にも様々な変化がある。したがって、イネの栽培品種や栽培時期も少しずつ異なっているため、菌核病の発生状況について一概に論ずることは難しい。そのため、主に東北地区における発生推移については三浦ら（21）、東海地区については早期栽培水田での調査も含めて稲垣ら（12、13）、九州地区については野中ら（33）

の調査結果に基づいて分けて記すことにする。また、各種菌核病の病徴・診断については、中田・河村（25）の報告を主にし、さらに中田（24）、白井・原（44）、平山ら（8）の報告なども参考にして記述する。

(1) 東北地域　宮城県農業センター内での栽培イネ（品種不明、出穂期：8月上旬）を用いて、7月20日に紋枯病菌、褐色紋枯病菌、赤色菌核病菌、および褐色菌核病菌の4種菌核病菌の培養稲わら片接種を行い、8月1日～10月5日まで10～15日おきに7回にわたり各種菌核病の発生状況が調べられている（図1-1-1）。紋枯病の発病茎率は出穂前の8月1日に80％になっており、7月下旬には著しい水平進展があったことが推察されている。褐色紋枯病は8月1～21日まで発病茎率が増加し、以後、水平進展は穏やかとなり、また赤色菌核病については8月中の水平進展は緩慢であるものの登熟後期には発病茎数が増加する。褐色菌核病は8月1～21日まで水平進展し、9月に入ってから再度直線的に水平進展する。

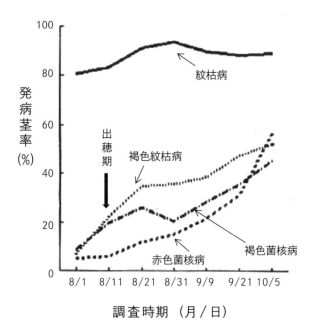

図 1-1-1　各種菌核病の発病茎率（％）の推移

（宮城県：三浦ら、1987）

(2) 東海地域　愛知県東郷町内の水田（品種：月の光）と日進町内の水田（品種：あおいのかぜ）で、8月22日〜10月4日までの出穂期から完熟期にかけて6〜14日ごとに5〜6回、紋枯病、赤色菌核病、褐色菌核病、および灰色菌核病の4種類菌核病の発生調査がされている（表1-1-1）。紋枯病は、東郷町水田（TO）では出穂期の発病茎率が5％、完熟期には11％と低いが、日進町水田（NW）では出穂期：79％、完熟期：82％と、両水田とも出穂期〜完熟期のいずれの時期でも大きな変動なく推移し、東郷町水田では乳熟期頃から少し増加している。また、灰色菌核病と褐色菌核病発生が見られた東郷町水田では、両菌核病はいずれも8月中にはほとんど確認されないが（0〜1％）、出穂後約10〜20日目位の9月上旬に初発して9月中旬から完熟期にかけて増加する（2〜22％）傾向にある。赤色菌核病は9月下旬〜10月上旬の完熟期に確認されている。

(3) 九州地域　福岡県大川市の2地点（品種：ニシホマレ）と八女郡の1地点（品種：レイホウ）の計3水田において、8月5日から10月22日まで7〜11日間隔で、紋枯病、褐色紋枯病、赤色菌核病、褐色菌核病の4種類菌核病の発病調査が行われている（図1-1-2）。なお、イネ2品種の出穂期は、いずれも9月上旬である。その結果、紋枯病は8月上旬から発生し9月上旬の出穂期に漸増するが、褐色紋枯病は出穂後に初発生して収穫期まで少しずつ増加する。赤色菌核病は8月下旬から発生するが、発病株率の増加はあま

表 1-1-1　各種菌核病のイネ出穂期〜完熟期の水田における発生推移（愛知県）

水田*	菌核病	発病株率（％）					
		8月22日	8月28日	9月11日	9月19日	9月28日	10月4日
TO	紋枯病	5.4	8.5	8.5	10.0	10.8	−
	褐色紋枯病	0.0	0.0	0.0	0.0	0.0	−
	赤色菌核病	0.0	0.0	0.0	0.0	0.0	−
	灰色菌核病	0.0	0.0	3.1	7.7	15.4	−
	褐色菌核病	0.8	0.8	1.5	10.8	21.5	−
NW	紋枯病	79.0	79.0	81.0	81.0	81.0	82.0
	褐色紋枯病	0.0	0.0	0.0	0.0	0.0	0.0
	赤色菌核病	0.0	0.0	0.0	0.0	1.0	1.0
	灰色菌核病	0.0	0.0	0.0	0.0	0.0	0.0
	褐色菌核病	0.0	0.0	0.0	0.0	0.0	0.0

* イネ品種　東郷町（TO）水田：月の光、日進町（NW）水田：あおいのかぜ使用
（普通期栽培：稲垣ら、1991）

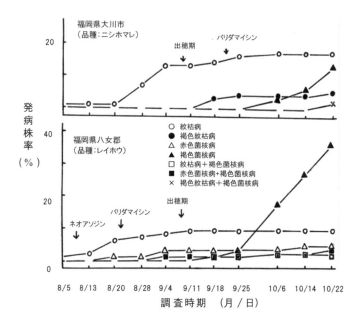

図 1-1-2　各種菌核病の発病株率（％）の推移

(福岡県：野中ら、1982：一部改変)

り見られない。また、褐色菌核病の初発生は乳熟期で 10 月上旬から収穫期
にかけて急速に多くなる。

(4) 早期栽培水田での発病　一般に、愛知県西部地域の早期栽培水田では田植
えは 4 月下旬から 5 月上旬に行われ、8 月中・下旬に収穫期を迎える。弥富
町内の 3 水田（品種不明、出穂期：7 月 20 日頃）において 1991 年 7 月 3・
15・26 日、8 月 7 日の 4 回、中央部の 50 株と畔部の 50 株、計 100 株につ
いて菌核病の発生株数が調査されている（表 1 - 1 - 2）。全体的に菌核病発
生株が少ないが、赤色菌核病は 3 水田で、また褐色菌核病は 1 水田で、いず
れも出穂期直後の 7 月 26 日と乳熟期頃の 8 月 7 日に、それぞれ確認されて
いる。紋枯病は発生確認した 2 水田とも 8 月 7 日である。

この調査とは別に、さらに早期栽培水田（出穂期：7 月 20 日頃）でのイネ乳
熟期〜黄熟期（8 月 8 〜 16 日）における菌核病の発生状況が、1989 〜 1991 年
の 3 年間にわたり各年 1 回ずつ、愛知県弥富町（上記と別水田）と飛島村の計

20 〜 28 水田で調査されている。その結果、出穂期後の約 2 週間 〜 20 日頃にあたる 8 月 8 〜 16 日には、紋枯病の発生水田率（%）は 95 %、赤色菌核病は 64 %と多く発生し、褐色菌核病も 18%と比較的多く発生している（表 1 - 1 - 3）。この早期栽培水田での菌核病発生状況と比較するため、近隣の普通期栽培の 20 水田（調査地点数：174、イネ伸長期〜出穂期）において、ほぼ同時期（8 月 8 〜 22 日）に菌核病発生状況が調べられている。それによると、紋枯病の発生は

表 1-1-2　各種菌核病の早期栽培水田における発生推移（愛知県海部郡）

菌核病	発生イネ株数 *			
	調査日			
	7 月 3 日	7 月 15 日	7 月 26 日	8 月 7 日
紋枯病	0	0	0	2
褐色紋枯病	0	0	0	0
赤色菌核病	0	0	8	8
灰色菌核病	0	0	0	0
褐色菌核病	0	0	2	2

* 3 水田の各畦部の 50 株と中央部の 50 株（各 1 列線上）の計 100 株を調査。
　イネの生育段階は 7 月 3 日：伸長期、8 月 7 日：乳熟〜黄熟期。数値は 3 水田の総計。品種：コシヒカリ（出穂期：7 月 20 日）。　　（稲垣・磯村、1992）

表 1-1-3　各種菌核病のイネ栽培様式の違いによる発生状況の比較（愛知県海部郡）

栽培様式 （調査時期）	菌核病	調査水田数 (A)	発生水田数 (B)	割合 （%） (B/A)	調査地点数 (C)	発生地点数 (D)	割合 （%） (D/C)
早期 1989 - 91： 8.8 - 8.16 （乳熟 - 黄熟期）	紋枯病	20	19	95.0	144	94	65.3
	褐色紋枯病	28	1	3.6	208	1	0.5
	赤色菌核病	28	18	64.3	208	44	21.2
	灰色菌核病	28	2	7.1	208	3	1.4
	褐色菌核病	28	5	17.9	208	7	3.4
普通 1989 - 91： 8.8 - 8.22 （伸長 - 出穂期）	紋枯病	20	20	100.0	174	135	77.6
	褐色紋枯病	20	1	5.0	174	1	0.6
	赤色菌核病	20	1	5.0	174	1	0.6
	灰色菌核病	20	0	0.0	174	0	0.0
	褐色菌核病	20	0	0.0	174	0	0.0
普通 1990 - 91 9.26 - 10.11 （完熟期）	紋枯病	8	8	100.0	72	43	59.7
	褐色紋枯病	8	1	12.5	72	1	1.4
	赤色菌核病	8	3	37.5	72	3	4.2
	灰色菌核病	8	5	62.5	72	10	13.9
	褐色菌核病	8	7	87.5	72	39	54.2

（稲垣ら、1992）

きわめて多く発生水田率は 100 ％であるが、他菌核病の発生は 0 ～ 5 ％でほとんどみられない。なお、これら普通期栽培水田における完熟期（9 月 26 ～ 10 月 11 日）での菌核病発生については、紋枯病（100 ％）、褐色菌核病（88 ％）、灰色菌核病（63 ％）がいずれも多く、赤色菌核病の発生率も 38％である。このように、イネの生育段階がほぼ類似した生育後期における発病様相に関して、紋枯病菌はいずれもコンスタントに発生が多くみられるが、他の菌核病は栽培様式間で大きく異なることが明らかとなった。通常、早期栽培水田では赤色菌核病は出穂期頃から、また褐色菌核病は出穂期～乳熟期に発生が増加してくると考えられる。また、褐色紋枯病、褐色菌核病および灰色菌核病の 3 種類菌核病については、イネの同じ生育段階でも早期栽培イネでは普通期栽培イネに比べて発生が少ない傾向がある。

第 2 節　紋枯病　Sheath blight

1. 研究小史　紋枯病菌：*Rhizoctonia solani* Kuhn AG-1 IA（図版Ⅱ：A, B）

　1901 年（明治 34 年）に矢野延能（愛媛農試）がイネの紋枯病の存在を認め、この病原菌を 1910 年（明治 43 年）に三宅市郎が *Sclerotium irregulare* I. Miyake と発表した（42）。一方、1905 年（明治 38 年）に佐々木忠次郎が長崎県下で採集したクスノキ病葉よりのクスノキ大粒白絹病菌（*Hypochnus sasakii* Shirai）を白井光太郎は新種の白絹病菌 *Hypochnus sasakii* とした。さらに、1912 年（明治 45 年）に澤田兼吉はイネ紋枯病菌とクスノキ大粒白絹病菌が同種類であると発表し、1925 年（大正 14 年）以後でも横木國臣・安部卓爾・遠藤茂らにより紋枯病の発生確認と病原菌分離が行われている（1）。

　我が国以外では、1926 年（大正 15 年）に Palo がフィリピンにおいてイネ紋枯病菌を *Rhizoctonia solani* 群として、1932 年（昭和 7 年）には Park and Bertus がセイロンにおいて、1934 年（昭和 9 年）には魏が中国において *Rhizoctonia solani* または *Corticium vagum* として発表した。その後、1939 年（昭和 14 年）に中田・河村（25）は、これら *Hypochnus sasakii*、*Rhizoctonia solani*、*Corticium vagum* の 3 菌種を用いて、培養的性質、寄主範囲、菌糸融合等について調査し、*Hypochnus sasakii* は *Corticium vagum* とは別種で、*Rhizoctonia solani* 群内の菌と一致するものがあると報告した。これらの分類学的調査に引き続いて、紋枯病菌の

完全世代について 1943 年（昭和 18 年）に Rogers が *Pellicularia* 属を提唱し、以後、*P. filamenntosa*（Pat.）Rogers f. sp. *sasakii,* または *P. sasakii*（Shirai）S. Ito が多く使用された。しかし、1965 ～ 70 年（昭和 40 ～ 45 年）に Talbot らによりイネ紋枯病菌の学名として *Thanatephorus cucumeris*（Frank）Donk が当てられ、前記の *Hypochnus sasakii,*、*Corticium vagum,*、*Pellicularia sasakii* などがシノニム（同義語）として取り扱われるようになった。 不完全世代の *Rhizoctonia solani* については、1970 年（昭和 45 年）頃から菌糸融合に基づく類別が行われて（第Ⅱ章；第 2 節参照）、イネ紋枯病菌は AG-1 に属することが明らかにされた（35、45）。さらに、渡辺・松田（48）による培養型に基づく類別では、ⅠA ～Ⅳの 7 培養型、7 系統に分類され、このうちイネ紋枯病菌は系統名：イネ紋枯病系、生息型：地上型、温度反応：高温性である培養型：ⅠA に所属することが示された。これらの調査に基づいて、イネ紋枯病菌の不完全世代は通常 *Rhizoctonia solani* AG-1 ⅠA が使用されている。

2. 病徴（symptom）

　発病は主として葉鞘にみられ、他に葉身においてもみられる。病斑の形は多くの場合、楕円形で初めは褐色～暗緑色で、後に淡褐色 ～ 灰色になって病斑の周縁は濃褐色化し内部との境は比較的明瞭となる（図版Ⅰ：A）（18）。大きさは 1 ～ 2 cm、大きい場合には 4 ～ 5 cm となる。葉身上の病斑は不整形で、初めは暗緑色で後に褐色になる。夏に葉鞘および葉身の病斑上や付近の健全部表面に白色で粉状の子実層形成がみられる。菌核の形成は葉鞘の表面や裏面に付着してみられ、葉身上でもみられることがあり、これらの成熟した菌核は容易にイネ体より離脱する（25、42）。

3. 寄主範囲（host range）

　病原菌の寄主範囲を示し（科のみ）、寄主範囲中に含まれる植物のうち天然寄主植物はゴシックで記した。33 科 207 種：**イネ、カヤツリグサ、タデ、キク**、シソ、ヒルガオ、ウリ、ゴマノハグサ、ナス、セリ、アカバナ、アオイ、**シナノキ**、ブドウ、トウダイグサ、フウロソウ、バラ、アブラナ、クスノキ、クワ、カバノキ、スベリヒユ、オシロイバナ、ヒユ、ウマノスズクサ、ユリ、イグサ、**ミズアオイ、ツユクサ**、サトイモ、**マメ**、アカザ、デンジソウ。

　なお、天然寄主植物の詳細（種を記す）は以下の通りである。**イネ科**：チガヤ、オヒシバ、マコモ、ギョウギシバ、メヒシバ、トウモロコシ、ノビエ、エノコログサ。**カヤツリグサ科**：カヤツリグサ、タマガヤツリ、ヒデリコ、ヒメクグ。**タデ科**：オホミゾソバ、ミゾソバ、ヤナギタデ。**キク科**：タカサブロウ、オグルマ、ツワブキ、ヨモギ。**シナノキ科**：ツナソ。ミズアオイ科：コナギ。**ツユクサ科**：ツユクサ、**マメ科**：ダイズ、クズ、ヤハズソウ（10、25）。

第3節　赤色菌核病　Bordered sheath spot（Rhizoctonia sheath spot）

1.　研究小史　赤色菌核病菌：*Rhizoctonia oryzae* Ryker et Gooch
　　（図版Ⅱ：C, D）

　1930年（昭和5年）前後にアメリカ合衆国南部のルイジアナ、テキサス、アーカンソーの各州の水田でイネ葉鞘上に未知病害の発生が見いだされ、Tullis はこの病害を Trichoderma sheath spot とし *Trichoderma lignorum* に起因するとした（46）。一方、1933年（昭和8年）にルイジアナ農業試験場の D. E. Ellis は同州内のイネ病斑より *Rhizoctonia* 属菌を分離したことから、Ryker and Gooch は Tullis が指摘した *Trichoderma* 菌をも含めて接種実験や培養試験などを行い、1938年（昭和13年）に病原菌を *Rhizoctonia oryzae* と発表した。我が国における赤色菌核病発生については、1931年（昭和6年）に河村栄吉が最初に確認し、本病原菌は未知の菌核病菌であって、中田・河村（25）は Ryker and Gooch（41）が発表した *Rhizoctonia oryzae* Ryker et Gooch に一致すると報告した。また、本病原菌と類似する *Rhizoctonia zeae* や後述の褐色小粒菌核病菌を使用して、これら菌種の完全世代の形成が土壌法によって試みられ（38）、完全世代はいずれの菌種も *Waitea circinata* Warcup et Talbot であることが判明した。さらに、我が国内から得られた *Waitea* に属する多数の菌株を用いた菌糸融合調査によって、本菌の菌糸融合群は WAG-O であることが示されている。

2.　病徴

　葉鞘に発病する。病斑は紡錘形 ～ 楕円形、大きさは1～2 cmで葉鞘を包むほどの範囲に及ぶこともある。病斑の周縁部は濃褐色、内部は淡黄褐色であり、罹病部と健全部との境は不明瞭である（図版Ⅰ：B）。紋枯病と比べ、概して病斑は

小さくて、前述のように罹病部と健全部がより不明瞭である点などが異なる。葉鞘組織内、またまれに葉鞘と葉鞘との間に菌核を形成する。

3. 寄主範囲

14科34種：**イネ、カヤツリグサ**、タデ、ナス、キク、マメ、ショウガ、クワ、ヒルガオ、オシロイバナ、カタバミ、シソ、サトイモ、ウリ。このうち天然寄主植物は、**イネ科**：イネ、ヒエ、ノビエ、ヨシ。**カヤツリグサ科**：ヒデリコ（16、25）。近年、本病が米国のワシントン州やアイダホ州においてコムギやオオムギに根腐病（root rot）を引き起こすことが示され、またマメ科植物からも分離されている（40）。

第4節　褐色菌核病
Aggregate sheath spot（Brown sclerotial disease）

1. 研究小史　褐色菌核病菌：*Rhizoctonia oryzae-sativae*（Sawada）Mordue（図版Ⅱ：E, F）

1911年（明治44年）9月に澤田兼吉が台湾の台北州において初めて本病の発生を確認し、以後、11月に藤黒興三郎が高雄州において、さらに澤田・藤黒の両氏は1911年（明治44年）、1915年（大正4年）、1916年（大正5年）にも台北州において発生を確認している（25、43）。また、1925〜27年（大正14〜昭和2年）にも横木國臣、遠藤茂らによって滋賀県、京都市、神奈川県等で発生確認がされている（1）。本病の病原菌として、澤田は *Sclerotium oryzae* と *S. oryzae-sativae* の2菌種との間で菌核の諸性質の異同を調査して、1922年（大正11年）に病名を褐色菌核病、病原菌を *Sclerotium oryzae-sativae* Sawada と記載した。その後、本病原菌は灰色菌核病菌と同様に2核 *Rhizoctonia* 属菌であることが判明し（14）、その菌糸融合群は AG-Bb であり（36）、不完全世代は *Rhizoctonia oryzae-sativae*（Sawada）Mordue として取り扱われている（50）。完全世代は *Ceratobasidium oryzae-sativae* Gunnell and Webster である（4、50）。本病はマコモ（*Zizania latifolia*）においても自然発生し（17）、また、この褐色菌核病菌は水田土壌内にあってイネ幼苗根の伸長抑制や褐変化などを引き起こす（3）。

2. 病徴

　葉鞘および茎に主として水際部に発病する。病斑は紋枯病に比べ小型で大きさは 0.5 ～ 1 cm で、紡錘形 ～ 球形をしている。病斑の周縁部は濃褐色、内部は淡褐色 ～ 灰色で、病斑上部から下部にかけて縦に褐色線がみられるのが大きな特徴である（図版 I：C）。いくつかの小型病斑が癒合型となり縦長に大型の褐色斑となっている場合もよくみられる。水田において、稀ではあるが水面上約 40 cm の葉舌部付近でも病斑を形成することもある（1）。菌核の形成は葉鞘組織内や茎の空洞中、また葉鞘と葉鞘の間や表面にもみられるが、形成数は他の菌核病菌に比べ著しく少ない（43）。なお、イネ品種・北海 112 号について水田内での位置と本病発生との関係調査では、水口付近では発生が少なく水吐口では多くなる傾向があり（表 1 - 4 - 1）、この水口付近での少発要因として灌漑水移動による菌核のイネ株への付着が困難となることや、冷水による微気象的、肥料要因が関係すると考えられている（29）。

表 1-4-1　水田内での水口（★）と水吐口（☆）における褐色菌核病発生の比較 *

株	割合（%）	畦別の発病茎率：%／発病葉鞘率：%					
		A	B	C	D	E	平均
a	発病茎率（%）	33.8	74.7	65.4	39.2	11.6	44.9
	発病葉鞘率（%）	14	37.9 ☆	31.2	19.1	4.3	21.3
b	発病茎率（%）	86.6	58.8	65.4	75.4	22.2	61.7
	発病葉鞘率（%）	39.9	30.9	34.9	43.3	8.8	31.6
c	発病茎率（%）	91.9	67.4	44.6	37.1	42.1	56.6
	発病葉鞘率（%）	47.4	36	21.4	18.9	20.5	28.8
d	発病茎率（%）	74.7	64.4	16.9	47.8	42.8	49.8
	発病葉鞘率（%）	38.9	31.5	6.4	20.6	19.5	23.4
e	発病茎率（%）	60.7	46.6	45.5	34.4	25.4	42.5
	発病葉鞘率（%）	26	23.9	19.7	15.7	11.2 ★	19.3
平均	発病茎率（%）	69.5	62.4	47.6	46.8	28.8	－
	発病葉鞘率（%）	33.2	32	22.7	23.5	12.9	－

* A ～ E の 5 畦のうち、B 畦の a 株近くにに水吐口があり、E 畦の e 株近くに水口がある。
（西田、1980）

3. 寄主範囲

　12 科 47 種：**イネ、カヤツリグサ**、タデ、ナス、シナノキ、マメ、アブラナ、ウマノアシガタ、アカザ、ユリ、イグサ、ミズアオイ。天然寄主植物は、**イネ**

科：マコモ、*Oryza cubennsis*。**カヤツリグサ科**：ミゾガヤツリ。

第5節　灰色菌核病　Gray sclerotial disease

1. 研究小史　灰色菌核病菌：*Rhizoctonia fumigata*（Nakata et Hara）Gunnell and Webster（図版Ⅱ：G, H）

　1927年（昭和2年）11月に、中田が長崎県北松浦郡において初めて本病発生を確認・採集し、以後、武内・遠藤ら数名の研究者によって愛媛・福岡・鹿児島、さらに北陸・近畿・関東の各県、地方や台湾においても発生が確認された。本病原菌は *Sclerotium* に属するとし種名が未定であったが、1931年（昭和6年）、遠藤（1）は菌核の外部・内部形態から *Sclerotium oryzae-sativae* Sawada、*Hypochnus sasakii* に類似しているとした。その後、1939年（昭和14年）に中田・河村（25）は病原菌の培養的性質、接種実験等により本病を新病害として灰色菌核病、病原菌を *Sclerotium fumigatum* Nakata と記載した。後述するように本菌が2核 *Rhizoctonia* 属菌であることから、Ogoshi ら（36）によって これら2核 *Rhizoctonia* 属菌について菌糸融合に基づく類別が行われ、この灰色菌核病菌は AG-Ba に所属し、本病原菌の不完全世代は *Rhizoctonia fumigata*（Nakata et Hara）Gunnell and Webster として記載されている。さらに、本菌の完全世代については、*Ceratobasidium setariae* であると考えられている（4）。

2. 病徴

　葉鞘に発病する。被害部は幾分紅色をおびた淡褐色 〜 帯紅褐色で（19）、褐色菌核病のような褐色の小さい病斑を形成することもあって（図版Ⅰ：D）、本病は褐色菌核病と混同されやすい。菌核は葉鞘の外側や内側に形成されて容易に脱落する。また、本病はイネの箱育苗中に出芽阻害や根の褐変などを引き起こす（20）。

3. 寄主範囲

　13科52種：**イネ**、カヤツリグサ、タデ、キク、シソ、ヒルガオ、ミソハギ、シナノキ、カタバミ、マメ、アブラナ、ユリ、イグサ。天然寄主植物は、**イネ科**：イネ、ジュズダマ、ノビエ。

第6節　球状菌核病　Spherical sclerotial disease

1. 研究小史　球状菌核病菌：*Sclerotium hydrophilum* Saccardo （図版 II：I, J）

　本病は 1914（大正 3 年）に矢野延能により愛媛県農事試験場水田において初めて発見され、この病原菌を同試験場の桜井基はイネの菌核病菌によると確認して、*Hypochnus centrifugus* に類似するとした。その後、1917 年に桜井（42）はイネの菌核病 4 種類を菌核 1 号（紋枯病）、菌核 2 号（球状菌核病）、菌核 3 号（小球菌核病）、および菌核 4 号（小黒菌核病）に分け、それぞれの病原菌（桜井 1 号菌、2 号菌、3 号菌、4 号菌とも呼ばれている）について培養、接種、殺菌等の試験を行った。さらに、1925 ～ 27 年（大正 14 ～ 昭和 6 年）にかけて野島友雄・横木國臣・遠藤茂らにより球状菌核病の発生確認や病原菌分離がなされている。そして、中田・河村（25）は球状菌核病菌と類似菌である *Sclerotium hydrophilum* Sacc. およびイチジクから得られた *Rhizoctonia microsclerotia* の 2 菌種との異同を調査し、球状菌核病菌は *R. microsclerotia* とは異なり *S. hydrophilum* Sacc. と一致することから、球状菌核病の病原菌を *S. hydrophilum* Sacc. とした。この球状菌核病菌は、自然下で *Juncellus serotinus*、マコモ（*Zizania latifolia*）、*Digitaria sanguinalis*（メヒシバ類）の各種植物にも発病することが知られている（39）。また、球状菌核病菌は、前述の褐色菌核病菌と同様に我が国の水田土壌内から分離されて、イネ幼苗の根に伸長抑制や褐変を引き起こすことが確認されている（3）。

2. 病徴

　本病は 8 月上旬から穂孕期の間で（42）、また 9 月上旬ごろから成熟期頃までの間に（1）、最も多く発生するとされ（普通、登熟期後期イネ）、葉鞘下部は緑色があせて白色化して、はなはだしいと枯死することもある。通常、明瞭な病斑を形成せず茎にも発病するが、上位葉鞘への進展は緩慢であって下位葉鞘に腐生的に寄生していることが多い（19、34）。メイチュウに侵されたイネによく見かけ（11）、他の菌核病と比べ被害は少なく、罹病イネと健全イネとの区別が比較的困難である。菌核は葉鞘の表面や葉鞘組織内または茎の空洞内に形成される。

3. 寄主範囲

2科10種：**イネ、カヤツリグサ**。天然寄主植物は、**イネ科**：イネ、マコモ、メヒシバ、**カヤツリグサ科**：ミゾガヤツリ。

第7節　褐色紋枯病　Brown sheath blight

1. 研究小史　褐色紋枯病菌：*Rhizoctonia solani* Kuhn AG-2-2　ⅢB

1939年（昭和14年）、中田・河村（25）はイネの菌核病として10種類の病害を挙げ、この他にイネに病原菌を人工接種することによって褐色の病斑を形成するリンゴ等の5種類菌核病を記載している。これに先立ち、中田（23）はイグサ紋枯病を発表し、かつ前述の5種類菌核病のうちにもイグサ紋枯病を記して、この病原菌は *Rhizoctonia* 属菌であるとしている。その後、山口県下で確認された疑似紋枯病を引き起こす砒素耐性菌は、前述のイグサ紋枯病菌も含めて、渡辺ら（49）により褐色紋枯病菌として記載された（37）。この病原菌である *Rhizoctonia solani* Kuhn の菌糸融合群については AG－2－2 で（37）、培養型（第Ⅱ章第2節3. 参照）は系統名：イグサ紋枯病系、生息型：地表型、温度反応型：高温性である ⅢB 型に所属し、完全世代は *Thanatephorus cucumeris*（Frank）Donk である（37、48）。

2. 病徴

葉鞘に発病する。病斑の中心部は灰白色、周縁部は褐色であり、さらに周囲には褐色 〜 黄褐色となり健全部にかけて淡くなる（図版Ⅰ：E）。紋枯病と比べた場合、病斑の周縁部は濃褐色で葉鞘1本あたり1〜2個の大型の病斑を形成するが、紋枯病のようにいくつかの病斑が形成されることはない。また、本病の病徴は赤色菌核病と類似しているが、病斑周縁部が赤色菌核病の場合はより濃い褐色 〜 いく分黒味を帯びている点で異なっている。褐色紋枯病のイネ体上における菌核形成は葉鞘内で稀であり、また菌核の外部着生がないのが特徴である（22、30、37）。

第8節　褐色小粒菌核病　Brown small sclerotial disease

1.　研究小史　褐色小粒菌核病菌：*Rhizoctonia zeae* Voorhees

　1937年（昭和12年）9月に、島田昌一は秋田県平鹿郡内の水田においてイネ病害を見つけ、この標本から中田・河村はこれまで未記載の菌核病菌を分離した。この菌核病菌は、その形態、培養的性質および接種実験により新種であることが確認され、中田・河村（25）は病原菌を *Sclerotium orizicola* Nakata et Kawamura、病名を褐色小粒菌核病と記載した。その後、本菌が多核 *Rhizoctonia* 属菌であることが判明し、上述のように本菌の完全世代は赤色菌核病菌や *Rhizoctonia zeae* と同様に *Waitea circinata* Warcup et Talbot であることが明らかになり（38）、菌糸融合群については WAG-Z と類別された（45）。本菌の不完全世代は *Rhizoctonia zeae* Voorhee である。なお、この *R. zeae* に関しては、1932年（昭和7年）に米国のフロリダ州においてトウモロコシの穂に起こるドライロット（dry rot）病が発見され、この病原菌として1934年（昭和9年）に Voorhees によって報告されたのが最初である（47）。

2.　病徴

　葉鞘に発病する。発病時期は9月頃である（イネの生育段階は不明、出穂期後と推察される）。病斑は明瞭で褐色であり、長さが1〜2cm、形は紡錘形〜不整形であって罹病部と健全部との境は不明瞭である（25）。本菌と赤色菌核病菌をイネに接種して形成した病斑について比較したところ、両菌種とも周縁部は幅が広い濃褐色帯を形成しで中央部は灰白色をした長さ1〜2cmの病斑を形成し、両菌種間でほとんど明瞭な差異が認められない（図版Ⅰ：F）。本病原菌は球状菌核病菌および灰色菌核病菌と同様に弱病原性菌であるとの報告もあり（6）、発病中のイネ体上における菌核は、葉鞘の内部組織中に微小な大きさで形成される。また、本病はアワにも自然発生することが知られている（15）。

第9節　さび色小粒菌核病

1.　研究小史

　舟山ら（2）は、1957年（昭和32年）7月、北海道農業試験場上川支場にお

いて、ポット栽培イネの下部葉鞘に不明瞭な病斑上でさび色菌核の形成を認めた。
病原菌を分離して菌核をイネに接種することにより病原性が確認された。

2.　病徴

　菌核の形態は、表面はさび色で楕円形 〜 不整形、直径 218 μm であり、内部
は分化がなく菌糸が密集し、菌核形成は PDA 培地の表面に多数みられるが、内
部にも少し認められる。菌生育温度は 25 〜 28 ℃、pH は中性 〜 微酸性で生育
良好である。また、13 種類の牧草への接種によりカモガヤにのみ寄生性が確認
されている。

引用文献

1.　遠藤茂（1931）．稲の菌核病に関する研究．第 5 報　主要なる稲の菌核病菌類の越年能力
　　並びに乾燥に対する抵抗力植物病害研究 I:149 ‑ 167
2.　舟山広治・山貫重夫・平野トシエ（1962）．北海道における稲菌核病類について．北日
　　本病虫会報 13:63
3.　Furuya, H., Tubaki, K., Matsumoto, T., Fuji, S., and Naito, H.（2005）．Deleterious effects of
　　fungi isolated from paddy soils on seminal root of rice. J. Gen. Plant Pathol. 71:333 ‑ 339
4.　Gunnell, P. S and Webster, R.K.（1987）．*Ceratobasidium oryzae-sativae sp. nov.*, the
　　teleomorph of *Rhizoctonia oryzae-sativae* and *Ceratobasidium setariae comb. nov.*, the probable
　　teleomorph of *Rhizoctonia fumigata comb. nov.* Mycologia 79:731 ‑ 736
5.　濱屋悦次（1990）．応用植物病理学用語集．p.506、日本植物防疫協会
6.　Hashioka, Y.（1970）．Rice diseases in the world VI. Sheath spot due to sclerotial fungi（Fungal
　　diseases 3）Riso 19:111 ‑ 128
7.　逸見武雄・横木國臣（1927）．稲の菌核病に関する研究．第 1 報　農業及び園芸．第 2 巻
　　955 ‑ 966
8.　平山成一・木村和夫・東海林久雄・田中孝・竹田富一（1982）．イネ褐色菌核病・赤色
　　菌核病の発生生態及び防除に関する研究．山形県農試研報 16:137 ‑ 167
9.　Holliday, P.（1989）．A dictionary of plant pathology. Cambridge Univ. Press. pp.369, NY,
　　USA
10.　堀眞雄（1991）．イネ紋枯病．p.324、日本植物防疫協会
11.　堀正侃・飯島鼎（1981）．稲の病害虫及び防除法．pp.39 ‑ 93、博友社
12.　稲垣公治・藤田栄一・日下宏遠・安達卓夫（1991）．イネ株内における紋枯病および各
　　種菌核病の併発の実態．関西病虫研報 33:9 ‑ 13
13.　稲垣公治・磯村嘉宏・中川豊弘・村井睦（1992）．愛知県における早期栽培水田でのイ
　　ネ各種菌病の発生状況．関西病虫研報 34:1 ‑ 5

14. Inagaki, K., and Makino, M.（1974）. Karyological characters of the fungi causing rice sclerotiosis. Ann. Phytopath. Soc. Japan 40:368‑371

15. 稲垣公治・牧野精（1977）. *Sclerotium* sp. によるイネ疑似紋枯病と *S. orizicola* に起因するアワ褐色小粒菌核病（新称）. 名城大農学報 13:6‑11

16. 稲垣公治・奥田潔・牧野精（1978）. イネ赤色菌核病菌 *Rhizoctonia oryzae* の菌糸隔壁部構造並びに寄主範囲. 名城大農学報 14:1‑6

17. 稲垣公治・上田晃久・清水稔・坂井英子・伊藤美奈子（1999）. マコモ褐色菌核病の発生様相. 関西病虫研報 41:11‑16

18. 稲垣公治（2001）. 水田における各種菌核病の発生様相と菌核病菌の生理・生態学的特性（総説）. 名城大農学報 37:57‑66

19. 岸国平（1998）. 日本植物病害事典. pp.39‑92、全国農村教育協会

20. 栗原憲一・斎藤司朗・宇井格生・生越明・山田昌雄（1978）. 箱育苗におけるイネ灰色菌核病の新発生と防除. 関東東三病虫害研報 25:12‑13

21. 三浦正勝・本蔵良三・三浦嘉夫・長田幸浩（1988）. 宮城県内における紋枯病様病斑から分離される菌核病菌とその分布. 北日本病虫研報 39:84‑87

22. 牟田辰朗・野中福次・奥野仁一・田中欽二（1985）. 各種菌核病によるイネ葉鞘における病徴の比較と一般水田における発生状況. 九州病虫研会報 31:21‑24

23. 中田覚五郎（1933）. 紋枯病に就いて. 日植病報 2:552（講要）

24. 中田覚五郎（1934）. 作物病害図編. pp.2‑31、養賢堂

25. 中田覚五郎・河村栄吉（1939）. 稲の菌核病に関する研究. 第 1 報 稲に発生する菌核病の種類及び病菌の性質. 農水省農事改良資料. p.139

26. 日本菌学会（2014）. 新菌学用語集. p.200

27. 日本作物学会（1977）. 作物学用語集. p.273 養賢堂

28. 日本植物病理学会（2000）. 日本植物病名目録. pp.10‑17、日本植物防疫協会

29. 西田勉（1979）. 水田内の位置と稲褐色菌核病の発病との関係. 北日本病虫研報 30:42‑43

30. 野中福次・相川宏史・門脇義行・磯田淳（1990）. イネ疑似紋枯病とその発生生態. 植物防疫 44:316‑319

31. 野中福次・加来久敏（1973）. イネ菌核病菌の解剖学的所見自然菌核について. 佐賀大農報 34:35‑40

32. 野中福次・吉田政博・田中欽二（1980）. イネ紋枯病様病斑から分離される菌核病菌とその性質. 九州病虫研報 26:23‑26

33. 野中福次・吉田政博・游俊明・田中欽二（1982 b）. 一般水田におけるイネ各種菌核病の発生消長. 九州病害虫研報 28:18‑21

34. 農水省植防課（1993）. イネ疑似紋枯病の発生予察方法の確立に関する特殊調査. 農作物有害動植物発生予察特別報告第 37 号 :1‑26

35. Ogoshi, A.（1975）. Grouping of *Rhizoctonia solani* Kuhn and their perfect stages. Rev. Plant Protec. Res. 8:93‑103

36. Ogoshi, A., Oniki, M., Sakai, R., and Ui, T.（1979）. Anastomosis grouping among isolates of binucleate *Rhizoctonia*. Trans. Mycol. Soc. Japan 20:33‑39

37. 鬼木正臣（1979）. リゾクトニア菌によるイネの病害. 植物防疫 33:373‑379

38. 鬼木正臣・生越明・荒木隆男・酒井隆太郎・田中澄人（1985）．*Rhizoctonia oryzae* および *R. zeae* の完全世代と *Waitea circinata* の菌糸融合．群日菌報 26:189 - 198

39. Ou, S.H.（1984）．Fungus diseases-Diseases of stem, leaf sheath and root. In Rice diseases. Commonw. Mycol. Inst. Kew. pp.247 - 300

40. Paulitz, T. C., and Schroeder, K. L.（2005）．A new method for the quantification of *Rhizoctonia solani* and *R. oryzae* from soil. Plant Diseases 89:767 - 772

41. Ryker, T.C., and Cooch, F.S.（1938）．Rhizoctonia sheath spot of rice. Phytopathology. 28:233 - 246

42. 桜井基（1917）．稲の菌核病について．愛媛県農事試験状報告 1:1 - 60

43. 澤田兼吉（1922）．台湾産菌類調査報告．第 2 編　台湾総督府中央研農報 2:171 - 175

44. 白井光太郎・原摂祐（1930）．作物病理学．pp.163 - 169，養賢堂

45. Sneh, B., Burpee, L. and Ogoshi, A.（1991）．Identification of *Rhizoctonia* species. p.133, APS Press, St. Paul, Minnesota, USA Phytopath. Soc.

46. Tullis, E.C.（1934）．*Trichoderma* sheath spot of rice. Phytopathology 24:1934 - 1937

47. Voorhees, R. K.（1934）．Sclerotial rot of corn caused by *Rhizoctonia zeae*, N.SP. Phytopathology 24:1290 - 1303

48. 渡辺文吉郎・松田明（1966）．畑作物に寄生する *Rhizoctonia solani* Kuhn の類別に関する研究．指定試験（病害虫）、　第 7 号 :1 - 138

49. 渡辺文吉郎・鬼木正臣・野中福次（1977）．イネ褐色紋枯病（新称）について．九州病虫研報 23:22 - 25

50. Webster, R. K., and Gunnell, P. S.（1992）．Compendium of rice diseases. p.62, APS Press. Minnesota, USA

付図 1　田植え風景（愛知県春日井市内名城大学付属農場：6 月中旬）

第 II 章
菌核病菌の形態的・生理的特徴

　植物病原微生物には糸状菌（filamentous fungus, fungi）、細菌（bacterium, bacteria）、ウイルス（virus）、ウイロイド（viroid）などがあるが、これらのうち糸状菌による植物病害はおよそ 7 〜 8 割を占め、細菌が 1 割、ウイルス等の他微生物が約 1 割などとされている。イネに菌核病を引き起こす病原微生物の *Rhizoctonia* および *Sclerotium* 属菌は糸状菌に含まれるが、ここでは最初にこれら菌核病を引き起こす菌核病菌の一般的な培養法などをみたうえで、それら病原菌の糸状菌における分類位置を確認する。そして、菌核病菌の菌糸、菌核などの諸形態、生育因子、N・C 源などの生理的諸性質などを把握・理解する。

第1節　菌核病菌の培養

1. 培養（culture）

　菌核病菌の菌糸や菌核などの各種器官（organ）の観察や生理的性質などの調査には、温度など種々の条件下で培養を行う必要がある。通常、この培養にはペトリ皿（平板培養：plate culture として使用）や試験管（斜面培養：slant culture として使用）を用い、これら容器にジャガイモ煎汁寒天培地（potato dextrose agar：PDA または potato sucrose agar：PSA）を入れ高圧滅菌（121 ℃、20分間）後によく冷ましてから菌移植・培養に利用する。この PDA または PSA 培地（PDA 中のグルコースをスクロースに替えた培地）は植物病原糸状菌（plant pathogenic fungi）の培養によく使用される培地（単数：medium, 複数：media）である。病原菌の培養温度は病原菌の種類によって異なるが、イネの菌核病菌の場合は通常 28 ～ 32 ℃前後であり、培地の pH は概して 5 ～ 6 で生育良好である。

　また、紋枯病菌の生育と培地との関係については麹汁培地が最もよく、次いで人参煎汁培地がよい（64）。その理由として、前者培地の場合には麹汁中に含まれるデンプン・デキストリン・アミロペクチン・マルトース等の含有濃度が高いこと、後者培地の場合には培地中にペクチン・デンプン・デキストリン・ビタミン（カロチン、B1 等）が豊富に含まれ、培地中に有機 N 源の存在や糖濃度が高いことが考えられている（39）。ただし、近年ではこれら麹汁および人参煎汁培地は使用されることは少ない。一方、合成培地に関してはワックスマン・ペッファ・リチャード等でよく、これらに比べツアペックドックス・ツアペックでは生育不良となる。褐色菌核病菌、灰色菌核病菌の 2 菌種に加え紋枯病菌を含めた 3 菌種の生育と合成培地との関係については、3 菌種いずれもグルコース・アスパラギンで最良の生育を示し、ツアペックとリチャードがほぼ同程度の生育である（37）。

2. 分離（isolation）

　イネ葉鞘上の病斑（lesion）など植物罹病部から病原菌を分離する場合には、病斑周辺部を健全部も含めて長さ約 0.5 ～ 1 cm 位の大きさの小切片にしてからペトリ皿に入れて蒸留水で 4 ～ 5 回洗浄する。また、刈株（stubble）、土壌残渣（plant residue）などから病原菌を分離する際には、土壌残渣についてはタイラー

No.65 の 篩（孔径：250 μm）等を用いて残渣をよく取り出し、4 〜 5 回流水で慎重に洗浄する。刈株については、表面の土壌を流水で洗浄した後に 1 〜 1.5 cm 長に切って小（茎）片を作成し、ペトリ皿内で組織が壊れたり菌核が流亡しないよう注意深く洗浄する。次に、これら小片を 1％次亜塩素酸ナトリウム液で 2 〜 3 分間、または 70 ％アルコールで数秒間浸漬して表面消毒を行った後、滅菌ろ紙上でよく消毒液を除く。その後、50 〜 100 ppm ストレプトマイシン添加素寒天培地（water agar：WA）または PSA 平板培地上に載せ 2 〜 5 日間培養し、進展菌糸の先端部を PSA 斜面培地上に移植し菌種同定（identification）などの調査に供する。この場合、分離に使用する培地はストレプトマイシン添加と同様に細菌の増殖を防ぐために、あらかじめ pH を下げておくほうが良く、さらに培養温度は少し低温（25 ℃前後）にしておくと病原菌分離に好都合な場合が多い。また、この分離培地（WA）にはストレプトマイシンに加えて 10 μg/ml メタラキシル（28、29）を添加して使用されてもいる。*Rhizoctonia solani* の土壌などからの分離には選択培地がよく使用される（31）。この選択培地は *Rhizoctonia solani* の分離の精度、簡便性、速度において有用であるとされ、その組成は以下の通りである：K_2HPO_4 1 g、$MgSO_4・7H_2O$ 0.5 g、KCl 0.5 g、$FeSO_4・7H_2O$ 10 mg、デキソン〔ソディウム p −（ジメチルアミノ）ベンゼンジアゾサルフォネイト、70 ％ウェッタブルパウダー〕90 mg、クロラムフェニコール 50 mg、ストレプトマイシン 50 mg、寒天 20 g、蒸留水 1 ℓ。

赤色菌核病菌や *R. solani*（AG − 8）の土壌からの分離には、木製の「つまようじ（toothstick）」を土壌に埋め 2 日後に回収して選択培地上（この調査では選択培地として、ベノミル 1 μg / ml、クロラムフェニコール 100 μg / ml を含む素寒天培地を使用）にて培養し、その後に解剖顕微鏡で菌叢観察する方法も知られている（52）。この方法により *Rhizoctonia* 属菌の数・量的調査が可能である。土壌からの菌分離にはソバ茎およびアマ茎（57）の植物片をトラップ利用する方法、またソバ茎も含め稲わら、ムギ稈の 3 種類植物片を利用する方法もある（30）。後者の 3 種類植物片については菌核病菌の分離率に差は認められないものの、取り扱い上、ソバ茎が有用であるとされる。使用にあたっては、あらかじめ蒸気滅菌してあるソバ茎（12 〜 13 cm 長）を水面上に見えるようにして水田土中に一定期間突き刺した状態で菌核病菌を捕捉する。

3. 菌糸融合（anastomosis、hyphal fusion）

　水田や畑などの圃場から分離した *Rhizoctonia* に属する多くの菌株について種間や種内の類別を行うために、これまで多くの研究者（44、47、49、57）により菌糸融合調査がなされてきた。この調査には、通常、WA 平板培地を用いて 2 菌株ごとの対峙培養（face-to-face culture）を行い、菌株間の菌糸接触部を顕微鏡観察（× 150 ～ 400）して融合の有無や融合形態（次節 3. 参照）を確認する。

第 2 節　*Rhizoctonia* および *Sclerotium* 属菌の分類的位置づけ

1. 分類（classification）

　イネの各種菌核病菌が所属する *Rhizoctonia* と *Sclerotium* 属は、菌界（Kingdom Fungi）のなかで真菌門に含まれ、有性世代（sexual generation）は担子菌亜門に、無性世代（asexual generation）は不完全菌亜門に所属する。これら 2 属菌の分類的位置について概要を以下に記す（13）。なお、分類単位は上位→下位の順で以下の通りである：界（Kingdom）、門（Division：語尾 -mycota）、綱（Class：-mycetes）、目（Order：-ales）、科（Family：-aceae）、属（Genus）、種（Species）。
［門］：（Ⅰ）変形菌（Myxomycota）
　　　（Ⅱ）真菌（Eumycota）
　［亜門］：① 鞭毛菌（Mastigomycotina）、② 接合菌（Zygomycotina）、
　　　③ 担子菌（Basidiomycotina）
　　　　［綱］：菌じん（Hymenomycetes）
　　　　［目］：ツラスネラ（Tulasnellales）
　　　　［科］：ツノタンシキン（Ceratobasidiaceae）、コウヤクタケ（Corticiaceae）
　　　　［属］：*Ceratobasidium*　　　　［属］：*Thanatephorus*、*Waitea*
　　　　［種］：*setariae*、*oryzae-sativae*　　　［種］：*cucumeris*、*circinata*
　　　④ 子嚢菌（Ascomycotina）
　　　⑤ 不完全菌（Deuteromycotina）
　　　　［綱］：不完全糸状菌（Hyphomycetes）
　　　　［目］：無胞子不完全菌（Agonomycetales）
　　　　［科］：無胞子不完全菌（Agonomycetaceae）
　　　　［属］：*Rhizoctonia*　　　　［属］：*Sclerotium*

［種］：*solani*、*oryzae* など　　　　　　　　［種］：*hydrophilum*

［亜種］菌糸融合群（Anastomosis group：AG）：AG－1、AG－2 など

　　　　培養型（Cultural type）：Ⅰ A、Ⅲ B など

［系統］菌糸和合性群（Mycelial compatibility group：mcg）、または

　　　　体細胞和合群（Vegetative compatibility group：vcg）

2. *Rhizoctonia* および *Sclerotium* 属菌の特徴

　Rhizoctonia 属菌は後述するように様々な特徴があるが、菌糸（図2－2－1：B）の特徴として次の9項目が指摘されている（18）。

　① 主軸菌糸の幅が広く通常5 μm 以上、② 分岐部近くに隔壁（septum, septa）を形成、③ 側枝菌糸は分岐点で細くなり縊れ（constriction）が存在、④ 若い菌糸は鋭角に近い角度で分岐、古くなると直角に分岐、⑤ 多くの場合、菌糸は古くなると褐色化、⑥ 菌核を形成することがあり、⑦ 樽型隔壁孔（dolipore structure：図2－2－2（25、51）の存在、⑧ かすがい連結（clamp connection）はみられない、⑨ 根状菌糸束（rhizomorph）を非形成。さらに、*Rhizoctonia* 属菌の特徴として、分生胞子（conidium, conidia）を形成しない、という項目もある（45）。

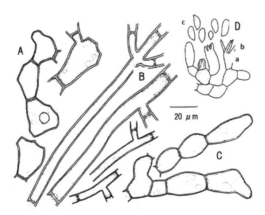

図2-2-1　*Rhizoctonia* 属菌の各種器官

A：菌核構成細胞、B：栄養菌糸、C：モニリオイド細胞、
D：有性器官（a：担子柄、b：担子小柄、c：担胞子）。
（Ou, 1984）

26

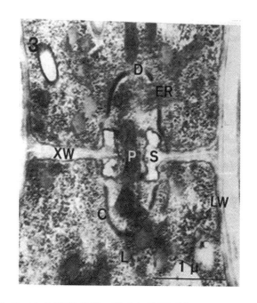

図 2-2-2　赤色菌核病菌の菌糸細胞隔壁部のドリポアー構造

P：隔壁孔、S：セプタルスウェリング、C：セプタルポアーキャップ、D：セプタルポアーキャップ不連続部、XW：クロスウォール、L：リピド、ER：小胞体、LW：ラテラルウォール。スケール：1μm。（稲垣ら、1978）

　また，*Sclerotium* 属菌の特徴としては、本属菌が無胞子不完全菌科に属することから、① 菌糸は発達するが胞子は非形成、② 菌核は小型、球形で褐色 〜 黒色、③ 菌核は細胞壁が肥厚し色素沈着した外皮（rind）が存在して、この点は *Rhizoctonia* 属菌菌核との識別に役立つ。④ また、菌糸は淡い透明感があるなどの特徴も有している（11、15）。

3. *Rhizoctonia* 属菌の類別

　Rhizoctonia に属する菌種内の類別には菌糸融合（図 2 - 2 - 3：1、2）の有無、あるいはその融合形態の顕微鏡観察が重要である。その際に確認される菌糸融合には、2 菌株の細胞の原形質が完全に融合する完全融合（perfect fusion：同図 1）と、原形質が接触した後に細胞死をともなう不完全融合（imperfect fusion：同図 2）の 2 種類がある。この菌糸融合は完全融合（C0）、不完全融合（C1 および C2）、非融合（C3）の 4 カテゴリーに分けられている（17）。これらの顕微鏡

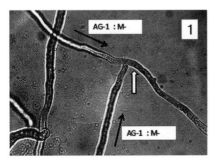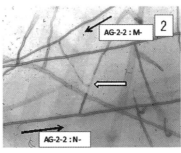

図 2-2-3　菌糸融合

1：同一菌株（AG-1: M-115）同士の完全融合、2：異なる菌株（AG-2-2：M 12 と N 56）間での不完全融合。 ➡ 菌糸の進展方向、⇨ 菌糸の接触部。　（稲垣、原図）

観察に基づいて、2 菌株由来の菌糸間において菌糸融合が確認された場合、これら 2 菌株は高度な遺伝的類縁性を有するとして同一の菌糸融合群（anastomosis group, AG）または同一の種（species）に所属すると確認される。

　Rhizoctonia 属菌には菌糸細胞（hyphal cell）が 2 核（binucleate）の種と多核（multinucleate）の種があることが知られているが（後述）、このうち多核である *Rhizoctonia solani* については、1970 年頃から菌糸融合に基づく類別により AG-1 〜 12 と BI の 13 群に分けられている（17、34、44、45）。このうち、さらに AG-1 は 4 亜群に、AG-2 は 7 亜群などに細分され、イネ紋枯病菌は AG-1、イネ褐色紋枯病菌は AG-2－2 に所属することが示された。また、多核 *Rhizoctonia* 属菌である *R. oryzae* およびその類縁菌（*Waitea* 属菌）の菌糸融合による類別では、WAG-O：赤色菌核病菌、WAG-Z：褐色小粒菌核病菌の 2 群が存在する（49）。なお、WAG-O に所属する菌株と WAG-Z に所属する菌株との間では菌糸融合は低頻度で起こる。

　一方、2 核 *Rhizoctonia* 属菌については AG-A 〜 U（現在、J と M は除外）の 19 群に類別され、このうち AG-B は菌糸融合の頻度および培養的性質から 3 亜群に細分されており、灰色菌核病菌は AG-Ba、褐色菌核病菌は AG-Bb に所属する（17、18、46）。また、2 核 *Rhizoctonia* 属菌は別に CAG-1 〜 7 の 7 群にも分けられているが、この 7 群には上記のイネの 2 種菌核病菌は記されていない（2）。

　さらに、*Rhizoctonia solani* については、これら菌糸融合法による類別とは異な

り、生態的諸性質、各種植物に対する病原性、培養的性質などの調査に基づいた類別が行われて、IA 〜 Ⅳ型の 7 培養型、7 系統に分類された（61）。このうち、培養型：I と培養型：III は、いずれも A、B の 2 亜群に細分化され（表 2 - 2 - 1）、紋枯病菌は IA 型に、褐色紋枯病菌は IIIB 型に所属することが示された。この *Rhizoctonia solani* の種内分類については、DNA 塩基組成が GC 含量（モル％）として表されることから、この GC 含量は同一菌糸融合群内や同一培養型内の菌株間では類似することが指摘されている（33）。

表 2-2-1　畑作物に寄生する *Rhizoctonia solani* の類別

| No. | 系統名 | 生態的性質（生活型） | | | | 培養型 | 病原性 | 菌糸融合群 (AG) |
		生息型	温度反応	腐生能力	CO_2 耐性			
1	イネ紋枯病系	地上型	高温性	弱	弱	IA	イネ紋枯病斑形成・インゲンの出芽阻害，茎に黒褐色病斑形成	AG-1
2	樹木苗くものす病系	地上型	やや高温性	弱	弱	IB	樹木苗のくものす病，ナス科，アブラナ科，ウリ科など作物の苗立枯	AG-1
3	アブラナ科低温系	地表型	低温性	強	中	II	アブラナ科作物の出芽阻害，苗立枯	AG-2-2
4	苗立枯病系	地表型	高温性	強	中〜強	IIIA	各科作物の出芽阻害，苗立枯	AG-4
5	イ紋枯病系	地表型	高温性	強	中〜強	IIIB	イネに疑似紋枯病斑形成，アカザ科，アブラナ科，キク科作物およびインゲンの苗立枯	AG-2-2
6	ジャガイモ低温系	地下型	やや低温性	強	中〜強	IV	ジャガイモ黒あざ病系で，ジャガイモ幼芽に病原性強	AG-2-2
7	サトウダイコン根腐病系	地下型	中温性	強	中〜強	IV	根ぐされ系，多症状発現	AG-2-2

（渡辺・松田、1966；国永、2002）

第 3 節　菌糸・菌核・有性器官の形態

Rhizoctonia や *Sclerotium* に所属する菌核病菌については、培地の種類や培養温度、pH などの条件によって菌核などの形、大きさ、色などが異なる場合が多い。

これら形態的および生理的性質の調査は日本人研究者の貢献が甚大であるが、菌種間で使用培地等の調査方法が必ずしも一定せず、これらの比較検討が困難な場合が多い。そのため、本記述にあたってはできるだけ同一出典または同一研究者に由来する情報に努めるようにする。

1. 菌糸（hypha, hyphae）

　菌糸は糸状菌を構成する最も重要な栄養器官（vegetative organ）の 1 つで、集合して菌糸体（mycelium, mycelia）や菌核（sclerotium, sclerotia）など様々な器官をつくる基本的構造である。菌糸体には隔壁（septum, septa）をもつ有隔菌糸体（septate mycelium）と、隔壁をもたない無隔菌糸体（aseptate mycelium）があり、イネの菌核病菌の菌糸体は有隔菌糸体である。ちなみに、キュウリベと病菌（*Pseudoperonospora cubensis*）やジャガイモ疫病菌（*Phytophthora infestans*）などは無隔菌糸体であり、イネいもち病菌（*Pyricularia grisea*）やバラうどんこ病菌（*Sphaerotheca pannosa*）は有隔菌糸体である。*Rhizoctonia* 属菌の菌糸の幅については、紋枯病菌、赤色菌核病菌、および褐色紋枯病菌の 3 菌種では幅の範囲が少し異なっているが、平均は 3 菌種とも 9.0 ～ 9.2 μm である（表 2 - 3 - 1）。一方、褐色菌核病菌、灰色菌核病菌、および球状菌核病菌の 3 菌種は幅（6.7 ～ 6.8 μm）、幅範囲（4.8 ～ 9.6 μm）ともほとんど同じであり、これら 3 菌種の菌糸幅は前記の紋枯病菌と赤色菌核病菌の 2 菌種に比べ明らかに小さい。また、主軸菌糸の先端より 2 番目の細胞の長さについては、調査 4 菌種中では赤色菌核病菌が 383 μm と最長で、灰色菌核病菌、球状菌核病菌および褐色菌核病菌の 3 菌種は 256 ～ 298 μm と短い。*Rhizoctonia* 属菌はモニリオイド細胞（monilioid cell）

表 2-3-1　各種菌核病菌の菌糸細胞の長さと菌糸の幅の比較

菌種	菌株数	長さ（μm）*		幅（μm）	
		平均	範囲	平均	範囲
紋枯病菌	—	—	—	9.0	3.5 - 12.0
赤色菌核病菌	4	383	180 - 580	9.0	6.4 - 11.2
灰色菌核病菌	4	258	70 - 440	6.7	4.8 - 9.6
褐色菌核病菌	3	256	160 - 410	6.7	4.8 - 9.6
球状菌核病菌	4	298	180 - 520	6.8	4.8 - 9.6
褐色紋枯病菌	2	—	—	9.2	7.8 - 11.7

* 主軸菌糸の先端より 2 番目の細胞を測定。　　（桜井、1917；野中ら、1979；稲垣・安達、1987）

と呼ばれる特殊な細胞を形成する（図 2 - 2 - 1：C）。このモニリオイド細胞はド リフォーム（doliform）細胞、樽型（barrel - shaped）細胞などともいわれ、無色 〜 褐色で洋ナシ型 〜 不正形、または樽型をしており、大きさは 10 × 20 〜 25 × 40 μm である（57）。

2. 菌核（sclerotium, sclerotia）

　菌核は菌糸が集まって密な硬い塊状となって、通常、球状であり（13、15）、 イネの菌核病菌の場合には葉鞘上、葉身上、あるいは葉鞘組織内に形成される。 この菌核は長期間にわたり休眠状態を維持し水田での越冬・越年器官として、ま た病原菌の水田内や水田間の菌の移動と、それにともなう病害伝播などの機能を もつ点できわめて重要である。なお、菌核については、その内部構造、発芽状況、 生存や発芽に及ぼす諸要因などに関して記す必要があるが、ここでは主として外 部形態について記す。

　紋枯病菌の菌核の形状は円形、楕円形、ゆ（癒）合形などで、表面は粗であ って裏面は凹状である（42）。菌核形成は 4 段階に分けることができ、初期は菌 糸が集合する、2 期は白色菌糸塊を形成する、3 期は褐色の小塊となり表面菌糸 によっておおわれる、4 期は成熟する段階である（3）。核酸代謝面からは、① 菌核形成初期で急激な RNA 合成期である、② 菌核の生体重・乾物重が増大し、 リボゾーム量が急激に増加する、③ 菌核の成熟期で、リボゾームの蓄積が低下 する、の 3 段階を経る。菌核形成開始後、約 40 時間目に細胞数はほぼ最大とな り、菌核は最終的に 126 万個の細胞に達する（8）。

　赤色菌核病菌の菌核は表面が粗、色は淡い赤竹色（淡紅色） 〜 鮭肉色で、葉 鞘組織内に形成された菌核の形状は短円柱形、外部形成菌核は扁平で円形 〜 楕 円形である（42）。灰色菌核病菌では、菌核が葉鞘の外側などに形成された場合、 容易にイネ体より離脱する。菌核の形状は表面が粗で球形、楕円形またはゆ合形 で、その形成初期は白色で後に灰色 〜 灰褐色となる（42）。灰色菌核病菌は平 面培地（PSA）上では菌核形成が乏しく、まれに灰色 〜 淡褐色の球形 〜 不正形 の菌核が形成されるが、斜面培地上では菌叢表面に岩盤状の菌核の形成がみられ る場合も多い。褐色菌核病菌の菌核は球状、卵状、長楕円状またはゆ合形で、表 面が粗ではじめは白色、次第に褐色から暗褐色となる（54）。球状菌核病菌の菌 核については、表面は平滑、球形であり、若い菌核は白色であるが成熟すると黒

色になる（42）。褐色小粒菌核病菌の菌核は球形 〜 不正形、帯赤濃褐色で表面は少し粗であり、アワ褐色小粒菌核病菌では培地表面上（PSA）だけでなく液体培地内のいずれにも菌核形成が確認される（23）。

　菌核の形状や大きさについては、図 2 - 3 - 1 に示したように、イネ体上で形成された菌核（自然菌核）と培地上で形成された培養菌核との間で、色相も含め大きく異なる場合が多く、また培養菌核でも PDA 培地産のものと稲わら培地産のものとでも異なる。菌核の大きさについては、培養菌核と自然菌核のいずれも紋枯病菌が最大（培養菌核の平均：1074 μm、自然菌核：1000 〜 3000 μm）で球状菌核病菌が最小（それぞれ 436 μm、245 〜 490 μm）である（表 2 - 3 - 2）。また、球状菌核病菌の菌核は（長径 / 短径）比が 1.1 であり、他の菌核病菌（1.3 〜 1.4）と比べ小さく、形状がより球形に近いことがわかる。菌核構成菌糸細胞（図 2 - 2 - 1：A）の大きさは灰色菌核病菌では 4.6 μm と最少、球状菌核病菌、赤色菌核病菌、および紋枯病菌の 3 菌種は 10 〜 14 μm と大差がみられないが、褐色菌核病菌は 22 μm と著しく大である。

3. 有性器官（sexual organ）

　糸状菌の多様性（diversity）の要因として、ヘテロカリオシス（heterokaryosis）、突然変異（mutation）、交雑（cross）などがあり（35）、植物病原糸状菌の場合には、これら諸要因によってイネいもち病菌（*Pyricularia oryzae*）におけるレース（race）の分化等が起こる。一般に、菌類は無性胞子（asexual spore）と有性胞子

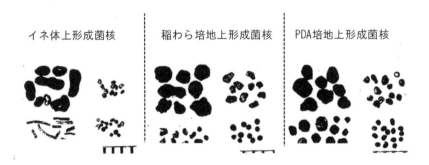

図 2-3-1　各種培地上で形成した 4 種菌核病菌菌核の外部形態

上左：紋枯病菌、上右：褐色菌核病菌、下左：赤色菌核病菌、下右：球状菌核病菌。1 目盛：1 mm。
（稲垣、2001）

表 2-3-2　各種菌核病菌の菌核と菌核構成菌糸の大きさの比較

| 菌種 | 培養菌核 * | | | | | | 自然菌核 |
| | 長径 (μm) | | 短径 (μm) | | 比 | | 範囲 (μm) |
	平均	範囲	平均	範囲	（長径 / 短径）		
紋枯病菌	1074	493 - 2268	-	-	-		1000 - 3000
赤色菌核病菌	659	125 - 1750	472	75 - 1150	1.4		400 - 1000
灰色菌核病菌	719	250 - 1625	523	175 - 1325	1.4		300 - 1500
褐色菌核病菌	755	350 - 2000	567	250 - 1300	1.3		670 - 1890
球状菌核病菌	436	250 - 700	390	175 - 600	1.1		245 - 490
褐色小粒菌核病菌	-	-	-	-	-		70 - 100

（上表の続き）

| 菌種 | 菌核構成菌糸細胞 | |
	平均 (μm)	範囲 (μm)
紋枯病菌	13.7	10 - 12
赤色菌核病菌	11.5	5 - 17
灰色菌核病菌	4.6	3.3 - 5.0
褐色菌核病菌	21.5 × 18.2	15.0 - 25.0 × 12.5 - 23.0
球状菌核病菌	10.3 - 10.6 × 6.6 - 8.9	5.0 - 17.5 × 3.8 - 12.5
褐色小粒菌核病菌	-	

* 培養菌核の大きさは 3 ～ 5 菌株の平均値。
（遠藤、1931；中田・河村、1939；桜井、1917；白井・原、1917；稲垣・安達、1987）

(sexual spore) を作るが、無性胞子は不完全時代（imperfect state、無性世代）に作られ、有性胞子は完全時代（perfect state：有性世代）に作られる。通常、不完全時代はその生活史（life cycle）のうち生育環境が好適条件下で、また完全時代は生育環境が不良となる時期に起こる。*Rhizoctonia* 菌の完全時代を作る方法としては、土壌法（soil method）がよく使われる（45）。この方法では *Rhizoctonia* 菌を PDA 培地（酵母エキス 0.5 ～ 1.0 ％、ブドウ糖 0.5 ％を含む）上でペトリ皿全面に広がるまで培養した後、土壌を全面にのせてから水を飽和状態にして直射日光が当たらない場所に保持する。この方法により、土壌表面に子実層形成が確認され、担胞子等の観察が可能となる。

　Rhizoctonia は不完全時代に所属する属名であるが、その完全時代は *Thanathepholus*、*Ceratobasidium*、*Waitea*、および *Tulasnella* の 4 属であり、これらのうちイネの各種菌核病菌の完全時代は *Thanathepholus*、*Ceratobasidium*、および *Waitea* の 3 属である（45）。有性器官の形態（図 2 - 2 - 1：D = a、b、c）は担子柄（basidium：a）の縊れ状態（constriction）、大きさ、担子小柄（sterigma：

b）の数や長さなどにおいて属間でいくつかの違いがある［表2-3-3：(57)］。*Ceratobasidium* 属菌である褐色菌核病菌と灰色菌核病菌の担胞子（basidiospore：c）は、いずれも球形 〜 亜球形で担子小柄は2本である。褐色菌核病菌の担子小柄はずんぐりして太さがある。*Thanathepholus* 属菌である紋枯病菌の担胞子は無色、倒卵形（42）であり、担子小柄は通常4本で担子柄と同じほどの大きさか少し短い。また、*Waitea* 属菌である赤色菌核病菌および褐色小粒菌核病菌の担胞子は長方形 〜 楕円形、担子小柄は4本、担子柄は通常縊れがあり渦巻き状となる。

表 2-3-3　各種菌核病菌の有性器官の大きさ

菌種	担子柄（μm）	担子小柄（μm）/本数	担胞子（μm）
紋枯病菌	12.4 × 8.3	7.7 (5.0 - 9.0) /4 (2 - 4)	8.5 × 5.2
赤色菌核病菌	12.7 - 13.6 × 5.9 - 6.3	3.9 - 4.2/4 (2 - 5)	8.6 - 9.0 × 5.1 - 5.9
褐色菌核病菌	13 - 21 × 12 - 18	12 - 23 × 4 - 5.5/2 (1 - 2)	9 - 17 × 9 - 16
灰色菌核病菌	10 - 14 × 12 - 13	11 - 12 × 3.4/2	11 - 15 × 10 - 12
褐色紋枯病菌	10.7 - 12.7 × 8.1 - 9.6	8.1 × 16.2/4 (1 - 5)	8.1 - 10.8 × 4.4 - 5.7
褐色小粒菌核病菌	13.2 - 14.7 × 6 - 7.7	4.7 - 5.2/4 (2 - 5)	8.1 - 9.0 × 4.8 - 4.9

（鬼木ら、1985；Gunnel and Webster、1987；Ogoshi、1975；生越、1976）

第4節　菌生育、菌核および子実層形成と温度・pH との関係

1. 温度

　概して、菌核病菌は好高温性であるため、紋枯病菌、赤色菌核病菌、褐色菌核病菌、および球状菌核病菌の4菌種はいずれも 30 〜 32 ℃での生育が旺盛であり、灰色菌核病菌と褐色小粒菌核病菌は 27 〜 30 ℃が最適温度である（表2-4-1）。生育温度範囲については、紋枯病菌が 10 〜 41 ℃で、他の4菌種は最低温度が 3 〜 7 ℃、最高温度が 37 〜 40 ℃である。菌生育と温度との関係については他にも種々の報告があり、赤色菌核病菌では最適温度が 31 ℃［最低温度：5 〜 14 ℃、最高温度：38 〜 40 ℃：(42)］、灰色菌核病菌は最適：28 〜 30℃［最低：15 ℃以下、最高：34 〜 40 ℃：(42)］、褐色菌核病菌は最適：30℃［範囲：約 15 〜 41℃：(56)］、球状菌核病菌は最適：30℃［範囲：8 〜 39 ℃：(42)］などである。また、培養 24 時間における菌糸生育量については紋枯病菌では不明であるが、他の4菌種では赤色菌核病菌が最大で 24 mm であり、次いで球状菌

核病菌が 17 mm、褐色菌核病菌と灰色菌核病菌は 13 ～ 14 mm である［図 2 - 4 - 1：(19)］。温度と菌核形成との関係については、いずれの菌種も生育最適温度近くで菌核形成が最良となる傾向にある。紋枯病菌の菌糸・菌核の温度耐性については、45 ℃では完全に生存するが 46 ～ 47 ℃では死滅し、成熟菌核については 51 ℃ではわずかに生存、52 ℃では完全に死滅する (40)。

表 2-4-1　各種菌核病菌の生育と菌核形成の最適 pH と最適温度

菌種	菌糸生育（範囲）		菌核形成（範囲）	
	最適 pH	最適温度（℃）	最適 pH	最適温度（℃）
紋枯病菌	8.1	28 - 32（10 - 41）	3.1	30 - 32（12 - 37）
赤色菌核病菌	7.6 - 7.9（2.4 - 9.6）	30 - 32（7 - 40）	7.6 - 7.9	31
灰色菌核病菌	6.0 - 9.8（3 - 9.8）	27 - 30（5 - 37）	—	—
褐色菌核病菌	6.2	30 - 32（5 - 40）	8.1	31
球状菌核病菌	8.1（3.1 - 9.8<）	30 - 32（3 - 40）	7.0	30
褐色小粒菌核病菌	6.8（3.3 - 10）	27 - 30（9 - 37）	—	—

（中田・河村、1939；稲垣・安達、1987；白井・原、1980；Voorhees、1934）

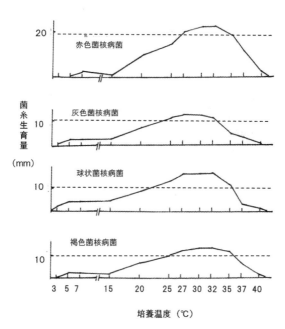

図 2-4-1　4種菌核病菌の培養温度と菌生育との関係

15 ～ 35℃：24 時間後、3 ～ 7℃、37 ～ 40℃：7 日後の生育量。（稲垣・安達、1987）

2. pH

　菌生育と pH との関係については、紋枯病菌、赤色菌核病菌、および球状菌核病菌の最適 pH は 7.6 ～ 8.1、灰色菌核病菌と褐色菌核病菌は pH 6.0 ～ 9.8 である。しかし、紋枯病菌については最適 pH が 5.4 ～ 6.7［生育範囲：2.5 ～ 7.8；(50)］、灰色菌核病菌：5 ～ 7 (19)、球状菌核病菌：6 ～ 7 (19) との報告もあり、研究者間で数値が少し異なっている。このような数値の違いは、使用する培地中の炭素源の種類と大きく関係する (65)。pH と菌核形成との関係については、赤色菌核病菌と球状菌核病菌では菌核形成の最適 pH は菌生育の最適 pH と概して同じであるが、紋枯病菌では菌核最適 pH は 3.1、褐色菌核病菌では pH8.1 であり、菌核形成最適 pH と菌生育最適 pH とは必ずしも合致しない。また、紋枯病菌の成熟菌核を pH の異なる液に浸したところ、菌核の pH 耐性は pH4 ～ 5 の酸性域で低く、中性 ～ アルカリ性域（pH 6 ～ 9）で高いことが判明した (40)。

3. 子実層形成

　紋枯病菌の子実層形成は病株の増加にともない増え、乳熟期以降の気温低下とともに著しく少なくなる。担胞子の発芽の適温は 28 ℃付近、最高温度は 36 ℃、最低温度は 15 ℃であり、発芽管伸長の適温は 30 ℃付近である (5)。

第5節　菌核の内部構造と発芽様相

1. 内部構造

　前述のように菌核は菌糸がからみあって結合し集合した硬い組織であり、このような菌核内部を構成している組織は菌糸組織（plectennchyma、hyphal tissue）と呼ばれている (13)。菌糸組織には、組織を構成している菌糸が原形をとどめている紡錘組織（prosennchyma）と、菌糸細胞が変形していて原形をとどめていない偽柔組織（pseudoparenchyma）とがあり、菌核病菌の種類によってこのような組織の違いが認められる。近年、この菌糸組織は菌糸が糸状を呈している繊維菌糸組織（plectenchyma）と球状に似た構造となっている偽柔組織の2つに大別されるという説明もある (18)。この菌糸組織について、各種菌核病菌の顕微鏡観察像を図2 - 5 - 1［光顕観察像：(42)］と図2 - 5 - 2［走査電顕像：(19)］に示した。なお、外皮等の菌核内部構造についての走査電顕観察用試料は、イネ体

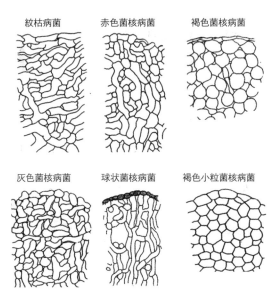

図 2-5-1　各種菌核病菌の菌核の内部構造
(中田・河村, 1939)

上で形成された自然菌核または稲わら培地で 1 カ月間培養して得た菌核を、リン酸緩衝液（pH7.2 〜 7.4）で洗浄、2 ％グルタールアルデヒドで固定し洗浄、エタノール系列で脱水、凍結割断、臨界点乾燥装置で乾燥、イオンスパッタリング装置で蒸着の、諸過程を経て作成する。菌核内部構造のうち、菌核表層を構成する組織には細胞壁の肥厚化が進み褐色 〜 濃褐色となって、内部の菌糸組織と明らかに形態が異なった細胞からなる構造があり、このような組織は外皮［rind；pseudoplectenchyma（58）も同義と考えられる］と呼ばれている。

　紋枯病菌に関して、菌核に外皮はないが内層と外層の 2 層があって、水中で浮上性の自然菌核では外層に空胞化細胞層（empty cell）があり、この細胞層は菌核半径の約 1 / 2 を占め 200 μm 以上であるが、沈下性の自然菌核ではこの外層は 150 μm 以下である。一方、培養菌核（PDA 培地産）では外層と内層があるものの外層の空砲化細胞層の形成が悪く、水中での浮上能力が著しく劣る（10）。菌糸組織は紡錘組織であり（43）、この組織を構成する細胞は一様に褐色を呈していて、短い不正形、樽型または楕円形で（3）、細胞の大きさは 7.1 〜 37.6 × 5.9 〜 30.7 μm, 平均 18.1 × 13.5 μm である（53）。

　赤色菌核病菌の菌核も外皮がなく、菌糸組織は紡錘組織である。培養菌核（乾杏寒天培地産）の菌糸組織は赤竹色または鮭肉色をしており、菌糸組織を構成する細胞は無色、細胞の幅は 5 ～ 17 μm、平均 11.5 μm である（42）。 走査電顕像観察（稲わら培地産菌核）により、菌核表面近くの細胞は細胞壁が肥厚し細胞内容物が消失して空胞化となっている場合が多く、 球形 ～ 楕円形であることがわかる。また、菌核内部では長方形で菌糸様の形態をもつ細胞も多くみられる（図2－5－2：1）。

　灰色菌核病菌の菌核については、外皮は存在せず菌糸組織は紡錘組織であり、自然菌核および培養菌核（ツアペック寒天培地）のいずれも内部は一様に密に菌糸が集合して淡（黄）褐色となっている（42）。走査電顕像から、樽状をして中央部が窪んだ長形細胞が頻繁に認められ、これらの細胞には、多くの場合、内容物が充満しているのが確認される（図2－5－2：2、6）。

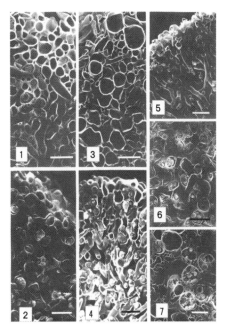

図 2-5-2　菌核内部構造の走査電顕像

1：赤色菌核病菌、2・6：灰色菌核病菌、3・7：褐色菌核病菌、4・5：球状菌核病菌。
スケール＝ 1 ～ 3、6、7：10 μm；4、5：20 μm。　（稲垣・安達、1987）

　褐色菌核病菌の菌核は外皮を有しないものの、最外層にはそれより下層とは細胞の形が異なる薄い層がある（図2−5−1）。この薄層より内側の菌核周辺部近くには内容物が消失した多くの球形 〜 イチジク形の大きな細胞があり（図2−5−2：3）、このような形態の細胞は菌核内部にも内容物が充満した状態で多く存在する（図2−5−2：7）。この大きな細胞間には比較的小さい球形 〜 長形の細胞が存在することなどから、褐色菌核病菌の菌糸組織は紡錘組織と偽柔組織が混在していると考えられる。なお、遠藤（3）は1937年に中国南部地域より採集した菌株を用いて、菌核の内部形態も含め、菌糸の形態や病原性についても調査を行い、1944年に報告している。

　球状菌核病菌の菌核は、他の菌核病菌とは異なり外皮を有していて内外層の分化が認められるのが大きな特徴であり、菌糸組織は紡錘組織である。外層の厚さは5 〜 10 μmであり、自然菌核および培養菌核（ツアペック寒天培地およびPSA培地産）のいずれも外層は濃褐色、内層は無色 〜 淡黄色の長形細胞が疎 〜 密に集合している［図2−5−1：（42）］。外層を構成する細胞は細胞壁が肥厚し内容物が消失して空胞化しており、一方、内層は内容物が充満した菌糸様の長形細胞がいく分、疎に集合している（図2−5−2：4）。なお、この球状菌核病菌の菌核のように、外皮を有するイネの菌核病菌には、他に小球菌核病菌（*Magnaporthe salvinii*）、小黒菌核病菌（*Helminthosporium sigmoideum*）、白絹病菌（*Sclerotium rolfsii*）がある（42）。

　褐色小粒菌核病菌の菌核には外皮がなく、菌糸組織を構成する細胞の形態は他の菌核病菌にはみられない5 〜 6角形をしていて、あめ色、または淡褐色 〜 淡黄褐色である（23、42）。

2.　発芽様相

　水田内イネの病組織上に形成された菌核は、そのまま、あるいは被害残渣に紛れて土壌表面近くで長期間生存する。このような菌核は、翌年に水によってイネに到達の後、通常雨天が続いたりして高湿度状態になると菌核表面から新しい菌糸が次々と出てくる、いわゆる菌核発芽（germinataion）が起きる。その後、天候が回復して湿度低下にともなう乾燥状態が続くと菌核発芽は起きない。水田にあっては、菌核発芽に好・不適な環境条件が何度も繰り返されていると考えられるが、このような条件下で菌核がどのくらい発芽能力を維持できるのか。これは

断続発芽能力（intermittent germination ability）と呼ばれている。この能力は水田における菌核病の広がり状況などを理解するのにきわめて重要である。また、この菌核の発芽に関しては、菌核病菌の種類によって様相、菌糸数、開始時間などに様々な特色がみられる。

　前述のように、概して各種菌核病菌の菌核形成は菌生育が最も良好な温度で旺盛となる傾向にあるが、紋枯病菌、赤色菌核病菌、褐色菌核病菌、球状菌核病菌の4菌種の菌核発芽と温度との関係については、いずれの菌核病菌も菌核発芽の最低温度は15℃と同じであるが、最高温度は赤色菌核病菌は40℃＜、他の3種菌核病菌は40℃である［図2-5-3：(55)］。この菌核発芽の温度範囲のうち 高発芽率（最高発芽率を示す温度区発芽率の50％以上）を示す温度範囲は20～35℃と広いが、一方、生育良好（生育最適温度での生育量の50％以上

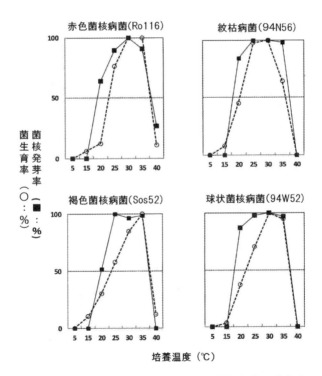

図 2-5-3　各種培養温度における菌核病菌の菌核発芽と菌生育との関係

菌生育率（％）は［各温度区での菌生育量（㎜）］の［調査7温度区内での 最大菌生育量（㎜）］に対する割合を示す。　（清水ら、2015）

生育）な温度範囲は 25 〜 35 ℃である。このように菌核発芽に良好な温度範囲が菌生育に良好な温度範囲に比べ広いという傾向は、4 種類菌核病菌に共通する性質であることが判明し、水田における菌核病発生において菌核発芽の重要性がうかがわれる。

　イネ体上で形成された菌核の発芽開始時の菌糸数については、培養開始 24 時間目では赤色菌核病菌の菌核は 1 個あたり 26 〜 32 本ときわめて多く密生しているが、紋枯病菌、褐色菌核病菌、球状菌核病菌の菌核は 8 〜 16 本と少なく、明らかに疎である。また、菌核からの発芽様相は赤色菌核病菌と球状菌核病菌は他の菌核病菌とは異なっており、菌糸が菌核から直線的、放射状に進展して、この傾向は特に赤色菌核病菌で顕著である（図 2 - 5 - 4）。菌核（イネ体上形成菌核）の発芽開始時間を知るために培地（WA）上に菌核を置き、6 〜 12 時間ごとに発芽状況を調べてみると、紋枯病菌と赤色菌核病菌では 6 時間後に早くも発芽が始まるが、球状菌核病菌と褐色菌核病菌では 12、24 時間後と発芽開始が遅い（図 2 - 5 - 5）。灰色菌核病菌（別調査のためデータ省略）は球状菌核病菌、褐色菌核病菌と同じ傾向である。

　菌核の断続発芽能力についての調査では、紋枯病菌の場合、培養 7、8 回目においても約 50 ％の発芽率を示すが、他の菌核病菌のうち球状菌核病菌、灰色菌核病菌、褐色菌核病菌の 3 菌種では 3 回目において 2 〜 20 ％に、また赤色菌核病菌（データ省略）では 4 回目で 30 ％に、いずれも急激に低下する（図 2 - 5 - 6）。紋枯病菌菌核の断続的発芽能力（連続発芽能力）について、収穫期のイネ葉鞘より採集した大きさの異なる菌核は、大小いずれの菌核も 5 回目まで 50 ％以上の発芽率を維持して、8 回目では 3 〜 10 ％の発芽率が確認されている（63）。このように、紋枯病菌の菌核は他の菌核病菌、特に褐色菌核病菌、灰色菌核病菌、球状菌核病菌と比べて明らかに発芽開始時間が早く、かつ断続発芽能力が大であることがわかる。菌核発芽と湿度との関係については、紋枯病菌の菌核では 95 〜 96 ％以上の湿度が必要であることが指摘されている（32）。なお、菌核の比重については通常約 0.8 〜 1.5 の比重をもつ各種の薬品液を使い調査を行う場合が多いが、紋枯病菌の自然菌核は 0.8 〜 0.9、培地産菌核は 1.1 〜 1.3 と推定されている（63）。また、赤色菌核病菌、灰色菌核病菌、褐色菌核病菌の菌核比重は紋枯病菌とほぼ同じと推定されるが、球状菌核病菌は他菌核病菌と比べ軽いと考えられる（7）。

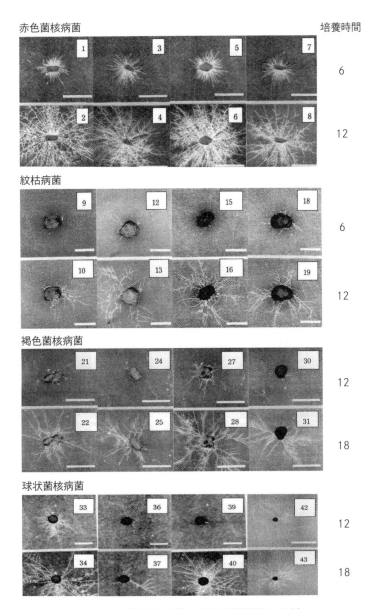

図 2-5-4　4 種菌核病菌の菌核発芽様相の比較

各菌種とも 4 菌株を使用、赤色菌核病菌の場合には、4 菌株〔(1, 2)、(3, 4)、(5, 6)、(7, 8)〕の縦列の (1, 2) などは同一菌株の同一菌核である。スケール：赤色菌核病菌、紋枯病菌、褐色菌核病菌は 2 mm、球状菌核病菌は 33 - 40：1 mm、42 - 43：4 mm。　（清水ら、2015)

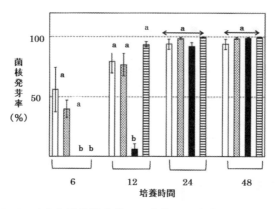

図2-5-5　イネ各種菌核病菌のイネ体上形成菌核の発芽開始時間

各培養時間とも、棒グラフの左端より赤色菌核病菌、紋枯病菌、褐色菌核病菌、球状菌核病菌である。また各時間内での同じ記号（a または b）は、菌種間で有意差 (p=0.05) があることを示す。　（清水ら、2015）

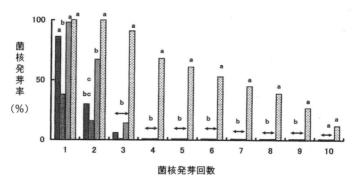

図2-5-6　イネ各種菌核病菌のイネ体上形成菌核の断続発芽能力

菌種は、各回数ともに棒グラフの左端より球状菌核病菌、灰色菌核病菌、褐色菌核病菌、紋枯病菌である。また、各回数内での同じ記号（a または b）は、菌種間で有意差（p=0.05）がないことを示す。　（Guo ら、2006）

第6節　菌糸細胞核数

　生物には、細菌やラン藻類などの原核生物（procaryote）と、われわれヒトやイネ、ムギなどの真核生物（eucaryote）があるが、この真核生物である動植物は細胞内に通常1個の核をもっている。しかし、真核生物に属する糸状菌には1細

胞中に1〜30個をも超える数の核をもっている菌種も存在する。このように糸状菌の菌糸細胞核数は菌種によって異なっていたりするため、イネの菌核病菌の類別に有効であり、このことが菌核病の診断に重要な要因となることが多い。この細胞核染色法にはオルセイン法、サフラニン法、ダッピ法など種々の方法があるが（57）、そのうちの1つにHCL‐Giemas法がある。この方法（21、26）では、WA平面培地上での進展菌糸をアルブミン塗布したカバーグラス上に貼り付け、カルノア液（エタノール、ホルマリン、氷酢酸の90：3：5混合液）で固定、95％アルコール、70％アルコール、蒸留水に順次浸漬、60℃塩酸にて加水分解、HCL‐Giemsa液（ゼーレンセン緩衝液：pH 6.98で20倍希釈して使用）にて染色、乾燥、カナダバルサムで封入し、各菌種とも1菌株につき200〜300細胞について顕微鏡観察する。このHCL‐Giemsa法は、全過程が約2時間ほどであり、簡便な染色法で核は赤色に染まり、菌糸細胞間の隔壁の識別も比較的容易である。また、ダッピ染色法（DAPI‐FB28染色法）も菌類の核染色法としてよく使われている。すなわち、蛍光染色試薬のDAPIにより動植物や菌類の核を染色し、FB28により植物、菌類の細胞壁を染色する方法で、WA上で菌培養して得た含菌寒天片を-20℃で凍結アルコール固定後に蛍光顕微鏡を用いてUV励起の条件で検鏡を行う（荒川、私信）。

　HCL‐Giemsa法による菌糸細胞の核数調査により、*Rhizoctonia*属菌核病菌には2核性（binucleate）の菌種と多核性（multinucleate）の菌種とがあることがわかる［表2‐6‐1、図2‐6‐1：（21）］。すなわち、褐色菌核病菌は平均2.0個：範囲（平均の範囲）1.9〜2.1個、灰色菌核病菌は2.1：2.0〜2.2であり、これら2菌種は2核*Rhizoctonia*属菌である。また、紋枯病菌は7.3：6.5〜8.3、褐色紋枯病菌は5.4：6.3〜7.5（62）、赤色菌核病菌は5.8：4.9〜6.7（21）、褐色小粒菌核病菌は5.9であり、これら4菌種は多核*Rhizoctonia*属菌である。このような菌糸細胞の核数については、さらにいくつかの報告があり、紋枯病菌に関しては5.5（59）、6〜8（12）、6〜10（6）、赤色菌核病菌では4：3.8〜4.4（12）とする報告がある。*Sclerotium*属菌である球状菌核病菌は2（2.0）である。さらに、多核*Rhizoctonia*属菌のうち紋枯病菌と赤色菌核病菌の菌糸細胞は最少1核から最大30〜33（6、12、21）の菌株も確認されるが、2核*Rhizoctonia*属菌の2菌種と球状菌核病菌は核数範囲が1〜5核で、観察細胞の90％以上が2核である（21）。なお、コニファー（実生）よりの分離菌系は1核性（uninucleate）の菌種である（14）。

44

表 2-6-1 各種菌核病菌の菌糸細胞核数

菌種	菌株	菌糸融合群	寄主	平均	範囲
紋枯病菌	2	AG-1（IA)	イネ	7.4 ± 2.4	1 〜 18
	7	〃	〃	8.3 ± 3.1	2 〜 31
	11	〃	〃	7.0 ± 2.3	1 〜 16
	16	〃	〃	7.7 ± 2.7	2 〜 19
	33	〃	〃	7.2 ± 2.7	2 〜 18
	34	〃	〃	7.3 ± 2.7	2 〜 20
	38	〃	〃	7.2 ± 2.3	2 〜 18
	39	〃	〃	7.9 ± 3.6	1 〜 27
	40	〃	〃	6.8 ± 2.4	1 〜 16
	42	〃	〃	7.0 ± 2.3	1 〜 15
	46	〃	〃	6.5 ± 2.5	1 〜 22
	53	〃	〃	7.2 ± 2.7	2 〜 22
苗立枯病菌	M-1	AG-4	ナス	5.4 ± 1.8	1 〜 15
	M-3	AG-1	シロツメクサ	6.1 ± 1.7	3 〜 13
	M-4	AG- 4	トマト	6.4 ± 2.2	2 〜 16
	I-64	AG-2-2	ビート	6.0 ± 2.4	1 〜 21
	I-109	AG-2-1	アマ	9.0 ± 2.7	2 〜 22
	I-115	AG-1（IB)	トゲナシアカシア	6.9 ± 2.4	2 〜 20
赤色菌核病菌	10	WAG-O	イネ	6.7 ± 2.6	2 〜 24
	11	〃	〃	6.1 ± 2.8	1 〜 33
	12	〃	〃	4.9 ± 1.5	1 〜 9
	13	〃	〃	5.6 ± 2.1	2 〜 16
褐色菌核病菌	1	AG-B b	イネ	2.0 ± 0.6	1 〜 4
	T-6	〃	〃	2.0 ± 0.7	1 〜 4
	L-12	〃	〃	1.9 ± 0.6	1 〜 4
	T-17	〃	〃	1.9 ± 0.6	1 〜 4
	T-20	〃	〃	2.0 ± 0.6	1 〜 4
	T-28	〃	〃	1.8 ± 0.7	1 〜 4
	A-1	〃	〃	2.0 ± 0.7	1 〜 4
	A-2	〃	〃	2.1 ± 0.5	1 〜 4
	N-1	〃	〃	2.0 ± 0.6	1 〜 4
	N-2	〃	〃	2.1 ± 0.6	1 〜 4
	N-3	〃	〃	2.0 ± 0.4	1 〜 4
球状菌核病菌	1	−	イネ	2.0 ± 0.3	1 〜 5
	2	−	〃	2.0 ± 0.3	1 〜 4
	3	−	〃	2.0 ± 0.5	1 〜 4
灰色菌核病菌	1	AG-Ba	イネ	2.1 ± 0.4	1 〜 4
	2	〃	〃	2.0 ± 0.3	1 〜 4
	3	〃	ヒマワリ	2.2 ± 0.5	1 〜 4
	4	〃	イヌビエ	2.1 ± 0.5	1 〜 4
褐色小粒菌核病菌	−	WAG-Z	イネ	5.9 ± 1.9	1 〜 12

（Inagaki and Makino、1974 一部改変）

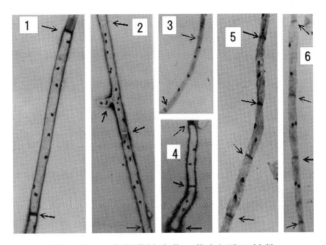

図 2-6-1　各種菌核病菌の菌糸細胞の核数

1. 紋枯病菌、2. 褐色小粒菌核病菌、3. 赤色菌核病菌、4. 灰色菌核病菌、
5. 褐色菌核病菌、6. 球状菌核病菌。→：細胞間隔壁の位置。
（Inagaki and Makino, 1974）。

第7節　ビタミンによる生育促進

　Rhizoctonia 属菌の類別には、菌核の外部・内部形態、菌糸細胞の核数などの要因に加え、ビタミン要求性も重要な要因の1つである。このビタミン要求性有無の調査にあたっては、まず初めに化学的組成が明瞭なツアペック培地、リチャード培地 などの合成培地上での生育と、様々な有機・無機成分等を含んだ前記のPDA培地や稲わら煎汁加用培地などの天然培地上での生育とを調べ比較する必要がある。通常、このような調査のためには液体培地を用いて、*Rhizoctonia* や *Sclerotium* 属菌の場合には 30 ℃前後で 10 ～ 14 日間の培養（静置培養等）を行い、培養終了後に重量既知のろ紙で菌体をろ別し秤量瓶内で乾燥（約 90 ℃、48 ～ 72 時間）してから乾燥菌体重量（mg）を測定する。

　紋枯病菌（AG-ⅠIA）については、*Rhizoctonia solani* の菌糸融合群すべてのビタミン要求性調査によって、チアミン、ビオチン、パントテン酸、リボフラビン、葉酸、安息香酸、イノシトール、ニコチン酸、ピリドキシンの9種類ビタミンのいずれによっても生育促進効果が認められない（48）。一方、褐色紋枯病菌（AG-2-2 ⅢB）はチアミンによる顕著な生育促進がみられ（最適濃度：10^{-5}

〜 10^{-8}M)、その割合はビタミン無添加区の 16 倍である。

　灰色菌核病菌および褐色菌核病菌の 2 菌種については，チアミン、ビオチン、パントテン酸、リボフラビン、イノシトール、ピリドキシンの 6 種類ビタミンのいずれによっても生育への影響がみられない。しかし、球状菌核病菌ではアスパラギン培地、ツアペック、リチャードの各合成培地上での生育が著しく不良で、一方、稲わら煎汁液添加培地上では前記の合成培地上での生育に比べ 10 〜 20 倍の生育を示し、ビタミン要求性が示唆された。そのため、球状菌核病菌についてビタミン添加による生育への影響調査により、チアミンを添加することによってビタミン無添加培地より 5 〜 10 倍（平均 7.1 倍）生育が促進され（表 2 - 7 - 1）、その最適濃度は 0.5 μg / ml である (20)。

　赤色菌核病菌、褐色小粒菌核病菌、および *Waitea circinata* の *Waitea* 属 3 菌種については、いずれもチアミンによる生育促進効果が認められ、さらにこの生育促進作用はピリドキシン添加によって一段と助長される (60)。しかし、これら *Waitea* 属 3 菌種のチアミンによる生育促進割合は球状菌核病菌および褐色紋枯病菌の 7 〜 16 倍と比べて 1.2 〜 3.3 倍ときわめて低い。ピリドキシンによる生育促進割合も 1.4 〜 3.6 倍で、これら 2 種類のビタミン併用添加による生育促進割合は 3.6 〜 5.4 倍となる。なお、チアミンによる生育促進割合は褐色小粒菌核病菌（最適濃度：$10^{-8} \geqq$ モル / L）> 赤色菌核病菌（0.1 μg）> *Waitea circinata*（$10^{-8} \geqq$ モル / L）であり、ピリドキシンによる生育促進割合は *Waitea circinata* > 赤色菌核病菌 > 褐色小粒菌核病菌である。

表 2-7-1　3 種菌核病菌の生育に及ぼす各種ビタミンの影響

菌種	菌株	乾燥菌体重量 (mg)						
		ビオチン	イノシトール	パントテン酸	ピリドキシン	リボフラビン	チアミン	無添加
灰色菌核病菌	2	289.6	284.5	279.9	261.7	281.1	278.5	254.3
	22	163.6	157.3	194.3	173.2	186.4	187.6	162.9
	45	217.4	220.2	220.1	184.8	203.1	218.3	235.0
球状菌核病菌	NIS	26.0	36.7	94.5	55.0	33.1	234.7	44.7
	OHY	32.8	31.4	45.1	44.7	34.6	248.9	38.6
	ONT	36.8	37.7	32.1	61.9	34.4	321.4	29.1
褐色菌核病菌	41	114.6	124.1	135.9	130.3	144.3	141.6	109.6
	45	147.1	126.7	130.6	156.9	142.8	150.4	139.1
	A-2	146.9	165.3	153.3	157.1	134.7	166.1	149.9

(Inagaki ら、1982)

第8節　窒素源と炭素源

　植物病原糸状菌などの微生物が生育して増殖するためには、窒素源（N源）、炭素源（C源）、水、無機塩類、生育因子が必要であり、これらを植物体あるいはそれを取り巻く諸環境から取り込んでいる。このような様々な栄養源の微生物への取り込みについては、微生物の種類によって大きく異なっている。本節では、これら栄養源のうちN源については無機態Nと有機態Nに分けて、さらにC源については各種の糖利用を概説する。

1.　無機態N利用

　紋枯病菌の無機態N利用に関しては、アンモニア態、硝酸態、および亜硝酸態いずれのNもよく利用して生育が旺盛で（24）、褐色菌核病菌もこれら3種類Nの利用が可能である。しかし、灰色菌核病菌は3種類Nのうち亜硝酸態Nを最もよく利用し、次いで硝酸態N、アンモニア態Nであるが、褐色菌核病菌はアンモニア態N利用が最もよく、次いで硝酸態Nと亜硝酸態Nの利用がほぼ同程度である［表2-8-1：（22）］。一方、赤色菌核病菌は硝酸態Nと亜硝酸態Nを全く利用できないという特徴がある（24）。球状菌核病菌については、硝酸態N利用が最良、これに次いで亜硝酸態Nも良好であるが、これら両Nに比べアンモニアN利用が不良である［表2-8-2；（20）］。

　このように、菌核病菌の無機態Nの利用状況は菌の種類やNの種類によって大きく異なっている。そこで、菌のN利用と糖利用との関係を知るために紋枯病菌と赤色菌核病菌を用いて培養調査がなされている（24）。すなわち、これら2菌種について稲わら煎汁添加リチャード培地を用いて3～15日間液体培養し、3日ごとに培地中の各種Nの残存量をアンモニア態Nとして、また残存d-グルコース量を還元糖として比色定量（660 mμ）し、培養期間中のN・C推移を図2-8-1に示した。前記のように両菌種いずれもアンモニア態Nをよく利用するが、このアンモニア態Nは両菌種とも培養6日後にはほとんど吸収し尽くされ、また糖も9～12日後に吸収し尽くされる。菌の生育は、これらアンモニア態窒素や糖の吸収がし尽くされる時期に最大となることがわかる。しかし、硝酸態Nと亜硝酸態Nについては、赤色菌核病菌では培養終了時（15日）でも全N量の10～20％、また糖についても全糖量の30～40％しか利用されておらず菌

表 2-8-1　3種菌核病菌の無機および有機 N 源利用

N 源	乾燥菌体重（mg）		
	赤色菌核病菌	灰色菌核病菌	褐色菌核病菌
硝酸カリウム	14.7	196.3	97.1
硝酸ナトリウム	16.4	207.4	98.8
塩化アンモニウム	189.3	157.4	145.3
硫酸アンモニウム	178.9	150.3	139.4
硝酸アンモニウム	239.4	281.5	195.9
亜硝酸カリウム	12.4	237.9	92.0
亜硝酸ナトリウム	12.3	230.1	80.6
ℓ‐アスパラギン酸	246.3	187.4	115.4
ℓ‐グルタミン酸	257.3	244.3	136.2
ℓ‐アスパラギン	216.9	300.5	250.2
ℓ‐グルタミン	239.9	253.5	210.4
ℓ‐アルギニン	237.3	201.3	159.9
ℓ‐ヒスチジン	26.7	22.0	19.9
ℓ‐アラニン	232.4	199.2	144.9
ℓ‐ロイシン	262.9	53.5	29.7
ℓ‐プロリン	235.8	142.5	60.0
グリシン	247.7	131.5	83.0
対照区（無添加区）	14.7	12.8	12.7

（稲垣・牧野、1975・1977）

表 2-8-2　3種菌核病菌の無機 N 源利用の比較，並びに菌生育量（W），窒素吸収量（N），糖吸収量（S）の諸関係

菌種	菌株	乾燥菌体重（mg）			割合 *		
		硝酸カリウム	亜硝酸カリウム	硫酸アンモニウム	W / S	N / S	（調査菌株）
灰色菌核病菌	7	725.8	825.2	483.6	65.0	1.9	（No.7）
	22	804.3	883.1	579.0			
褐色菌核病菌	41	602.9	602.2	675.0	38.5	1.5	（A-1）
	45	594.5	611.6	720.8			
球状菌核病菌	NIS	660.6	545.8	229.0	59.8	2.3	（No.6）
	HOI	727.0	630.1	253.7			
紋枯病菌	—	—	—	—	61.5	1.9	（No.67）

* 稲わら煎汁液体培地（N源：硝酸カリウム、C源：グルコース）を使用し、培養0～6日の6日間の調査結果を示す。　（Inagaki ら、1982；稲垣・安達、1987）

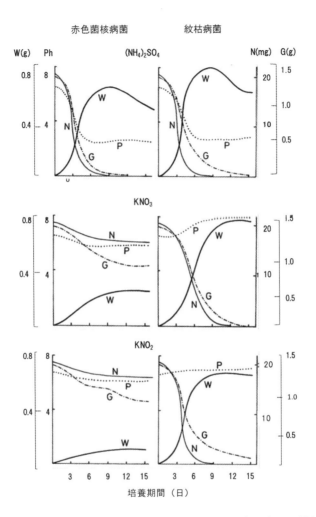

赤色菌核病菌　　　　紋枯病菌

図 2-8-1　赤色菌核病菌と紋枯病菌の N および C 利用の推移

W：乾燥菌体重（g）、N：培養液内 N 量（mg）、G：培養液
内グルコース量（g）、P：培養液 pH　（稲垣・牧野、1977）

生育も不良である。一方、紋枯病菌では硝酸態 N と亜硝酸態 N ともほぼ同じよ
うな利用経過で、N は 9 ～ 12 日後に、糖は 12 ～ 15 日後にほぼ吸収し尽くされ
て、菌生育は 9 ～ 12 日頃に最大値に達する。培地中の pH 変化については、両
菌種ともアンモニア態 N の吸収がし尽くされる 6 日頃には急激に pH 3 前後ま

で低下して、この状態が培養終了時まで続く。硝酸態 N と亜硝酸態 N の場合には、両菌種いずれも培養期間中を通して pH 変動が少なく、アンモニア態 N の場合と比べて菌の生育に良好な pH 条件が維持されて生育旺盛となることも考えられる。なお、アンモニア態 N と硝酸態 N が共存する N 源を培地中に加えた場合には（図：省略）、赤色菌核病菌ではアンモニア態 N のみの完全な吸収が認められ、硝酸態 N は吸収されず培地 pH は培養期間を通して大きく変動しない。しかし、紋枯病菌ではアンモニア態 N の吸収が先行するが、両 N とも 6 ～ 9 日後には吸収し尽くされて培養期間中の大きな pH 変動は認められない。菌の消費糖量に対する生育量（W/S 比：経済係数）の比率（表 2 - 8 - 2）は、紋枯病菌菌、灰色菌核病菌および球状菌核病菌の 3 菌種は 60 ～ 65 と高いが、褐色菌核病菌は 39 と低く生育のために多くの糖を必要とすることが推測される（19）。この値は赤色菌核病菌においても低く、褐色菌核病菌と同様のことが考えられる。

2. 有機態 N 利用

　赤色菌核病菌は 10 種類のアミノ酸のうちヒスチジンを除く 9 種類アミノ酸の利用がいずれも同程度に良好であり、灰色菌核病菌と褐色菌核病菌はアミノ酸間で類似した利用傾向を示す（表 2 - 8 - 1）。すなわち、灰色菌核病菌と褐色菌核病菌は ℓ-アスパラギン、ℓ-グルタミン、ℓ-グルタミン酸、ℓ-アルギニン、ℓ-アラニンの 5 種類アミノ酸利用がきわめて良好である。また、ℓ-ヒスチジン利用は前記 3 菌種に共通して不良であり、ロイシン利用に関しては赤色菌核病菌では最良であるにもかかわらず、褐色菌核病菌と灰色菌核病菌の 2 菌種では不良となり特徴的である。紋枯病菌に関しては、グルタミン酸、アスパラギン酸はよく利用されるが、グリシン、ℓ-ロイシン、dℓ-バリンは利用できない（16）。

3. C 源利用

　赤色菌核病菌。灰色菌核病菌および褐色菌核病菌の 3 菌種の糖利用に関しては、概してデキストリン、スターチ、d-スクロース、d-マンノース、d-グルコースの 5 種類の糖類が共通して良好であり、ℓ-アラビノース、d-イヌリン、d-マンニットおよびグリセリンの 4 種類は利用が著しく劣る（表 2 - 8 - 3）。14 種類の糖類のうち、赤色菌核病菌では d-キシロース、灰色菌核病菌では d-マンノース、褐色菌核病菌ではスターチの利用が最良である。また、赤色菌核病菌はガラ

表2-8-3　3種菌核病菌のC源利用

C源	乾燥菌体重（mg）		
	赤色菌核病菌	灰色菌核病菌	褐色菌核病菌
d－グルコース	183.1	217.0	102.7
d－マンノース	143.1	303.0	165.5
d－ガラクトース	62.6	191.1	102.5
d－フラクトース	160.4	205.0	69.1
ℓ－アラビノース	34.5	33.2	25.7
d－キシロース	219.1	142.9	62.7
d－マルトース	147.1	228.7	95.2
d－ラクトース	21.1	161.5	93.9
d－スクロース	169.6	181.2	135.0
d－イヌリン	22.7	30.7	22.7
スターチ	159.2	230.2	200.3
デキストリン	182.2	220.9	184.8
d－マンニット	24.8	31.5	28.9
グリセリン	24.9	24.9	17.9
対照区（無添加区）	5.6	2.5	3.8

（稲垣・牧野、1975・1977）

クトース利用において、褐色菌核病菌はキシロース利用において、他の菌種と大きく異なっていることがわかる。

　紋枯病菌に関しては、マンノース、フラクトース、ガラクトース、キシロース、およびグルコースの利用が良好であり、前述のアラビノース、イヌリン、マンニット、およびグリセリンの4種糖類は利用不良である（16）。概して、紋枯病菌の生育は多糖類＞6単糖類＞5単糖類＞複糖類＞高級アルコールの順であり、中性域での培養条件に比べ酸性域の方が生育は良好である。この調査での11種類の炭素源のうち特にマンノース、デキストリン、グルコース、キシロース、スクロースが良好であることは、炭水化物代謝に関与する酵素の活性域が酸性側に存在することに基づくためであると考えられている（65）。また、紋枯病菌の菌糸生育と菌核形成はスターチ、グルコース、スクロース、マンノースで旺盛であり、さらに菌核形成・菌糸生育とN／C比との関係が調べられており、N／C比：1.0〜7.4％のとき菌核形成が良好となり、N／C比：0.03〜7.0％のとき菌糸生育が良好となる（9）。炭素源の濃度と紋枯病菌の菌糸・菌核形成との関係については、菌糸重量、菌核形成数は炭素源濃度が高くなるにつれ増加し、菌糸の分岐化や隔膜化も炭素源濃度に比例して増加する（41）。

第9節　菌体構成脂肪酸

　Rhizoctonia 属菌の脂肪酸組成については、菌糸融合群間のみならず菌糸融合群内の多様性解析のために調査がなされてきている。したがって、水田等から得られた Rhizoctonia 属菌の分類的所属の検討にも、この菌体脂肪酸組成の調査が有効であると考えられる。この調査は、稲わら煎汁加用合成培地やジャガイモ煎汁培地（いずれも液体培地）で 20 日間培養後の菌体を用いて脂質抽出および脂肪酸のメチルエステル化を行い、ガスクロマトグラフィー（カラム：0.3 × 200 cm ガラス管、充填剤：10 ％ DEGS − Chromosorb SAM DMCS、カラム温度：180 ℃、キャリアーガス：N2、検出器：FID）による解析を行うことにより可能である（1、19）。

1．脂質含有率

　菌核病菌の脂質含有率〔（脂質量 / 乾燥菌体重量）× 100〕は、赤色菌核病菌が14.1 ％で最も多く、紋枯病菌、灰色菌核病菌、褐色菌核病菌および球状菌核病菌の 4 菌種は、いずれも 1.6 〜 2.4 ％ と少ない（19）。

2．構成脂肪酸

　Matsumoto ら（38）は紋枯病菌、褐色紋枯病菌、赤色菌核病菌、灰色菌核病菌、および褐色菌核病菌の 5 菌種について、それぞれ 7 〜 8 菌株を用いて脂肪酸組成を調べている。この調査において、構成脂肪酸としてミリスチン酸（$C14_0$）、ペンタデカノイック酸（$C15_0$）、パルミチン酸（$C16_0$）、パルミトレイン酸（$C16_1$）、ヘプタデカノイック酸（$C17_0$）、9−ヘプタデカノイック酸（$C17_1$）、ステアリン酸（$C18_0$）、オレイン酸（$C18_1$）、リノール酸（$C18_2$）の 9 種類が同定されている。脂肪酸組成は、これら 9 種類のうちパルミチン酸（5 菌種の組成率の範囲：9 〜19 ％）、オレイン酸（7 〜 46 ％）、リノール酸（31 〜 76 ％））の 3 種類脂肪酸が優占していて（表 2 − 9 − 1）、ステアリン酸（1 〜 9 ％）を加えた 4 種脂肪酸の組成率は全脂肪酸量の 94 〜 97 ％を占めている。菌核病菌の菌体構成脂肪酸については、他に紋枯病菌の 1 菌種のみ（27）、褐色菌核病菌と赤色菌核病菌の 2菌種の比較（36）、さらに赤色菌核病菌、紋枯病菌、灰色菌核病菌に球状菌核病菌を加えた 5 菌種の調査（表 2 − 9 − 2）があり、これらの調査でも前出の 4 種脂

表2-9-1　*Rhizoctonia*属5菌種の菌体構成脂肪酸組成

菌種	脂肪酸含有率（%）								
	ミリスチン酸（14：0）	ペンタデカノイック酸（15：0）	パルミチン酸（16：0）	パルミトレイック酸（16：1）	ヘプタデカノイック酸（17：0）	9-ヘプタデカノイック酸（17：1）	ステアリン酸（18：0）	オレイン酸（18：1）	リノール酸（18：2）
紋枯病菌	1.31 a	0.75 a	9.42 a	1.80 a	0.67 ab	1.40 a	0.80 a	10.70 a	73.84 a
褐色紋枯病菌	0.98 b	0.43 b	9.29 a	0.37 b	0.67 ab	0.67 be	1.30 b	10.34 a	75.93 b
赤色菌核病菌	0.54 c	0.26 b	15.43 b	1.70 ac	0.70 a	0.96 b	3.01 c	6.54 b	70.75 c
灰色菌核病菌	0.43 c	1.04 c	18.63 d	1.40 c	0.39 b	0.22 cd	9.37 e	37.09 d	31.27 e
褐色菌核病菌	0.35 c	0.47 b	13.80 c	1.43 ac	0.58 ab	0.54 ce	2.53 d	46.32 c	34.25 d

（Matsumoto ら、1997）

表2-9-2　各種菌核病菌の主要な菌体構成脂肪酸組成

菌種	脂肪酸含有率（%）			
	パルミチン酸	ステアリン酸	オレイン酸	リノール酸
赤色菌核病菌	12.6	4.7	20.0	62.7
紋枯病菌	8.0	0.9	7.7	83.4
灰色菌核病菌	10.4	1.7	28.3	59.6
褐色菌核病菌	9.3	1.4	42.0	47.3
球状菌核病菌	12.7	2.0	13.7	71.6

（稲垣・安達、1987）

肪酸の組成率は全体の 89 ～ 98 ％を占めている（19）。また、各菌種の脂肪酸組成の特徴については、リノール酸は紋枯菌、褐色紋枯病菌、赤色菌核病菌、球状菌核病菌の4菌種で 63 ～ 83 ％と多いが、褐色菌核病菌と灰色菌核病菌は 31 ～ 60 ％と比較的少ない（19、38）。オレイン酸は褐色菌核病菌と灰色菌核病菌の 2 菌種では 28 ～ 46 ％と多く、紋枯病菌、赤色菌核病菌の 2 菌種では 8 ～ 20 ％と少ない。さらに、パルミチン酸は紋枯病菌と褐色紋枯病菌では 8 ～ 9 ％、赤色菌核病菌では 13 ～ 15 ％、褐色菌核病菌と灰色菌核病菌では 9 ～ 19 ％である。これらのことから、比較的低率であるステアリン酸以外のパルミチン酸、オレイン酸、およびリノール酸の 3 種類脂肪酸の組成状況は *Rhizoctonia* 属菌種の特徴づけ、および識別に有効であると考えられている（38）。

引用文献

1. 安達卓生・稲垣公治（1981）. イネ赤色菌核病菌 *Rhizoctonia oryzae* Ryker et Gooch の脂質について. 名城大農学報 17:42‐44

2. Burpee, L. L., Sanders, P. L., and Cole, Jr. H.（1980）. Anastomosis groups among isolates of *Ceratobasidium cornigerum* and related fungi. Mycologia 72:689‐701

3. 遠藤茂（1931）. 稲の菌核病に関する研究. 第 5 報 主要なる稲の菌核病菌類の越年能力並びに乾燥に対する抵抗力. 植物病害研究 I:149‐167

4. 遠藤茂（1944）. 支那産稲褐色菌核病に関する研究. 第 1 報 稲褐色菌核病菌の形態並びに病原性. 日植病報 10:7‐15

5. 深津量栄・柿崎正・平山成一（1960）. 稲紋枯病の担胞子による二次伝染に関する研究. 高知農試研報 2:26‐38

6. 深野弘（1932）. 稲紋枯病菌の細胞学的研究. 九州帝大農学誌 5:117‐140

7. Guo, Q., Arakawa, M., Inagaki, K. and Adachi, T.（2006）. Comparative germination ability and specific gravity of sclerotia of *Rhizoctonia* and *Sclerotium* spp., causing rice sclerotial diseases. J. Res. Inst. Meijo Univ. 42:1‐8

8. Hashiba, T.（1982）. Sclerotial morphogenesis in the rice sheath blight fungus（*Rhizoctonia solani*）. Bull. Hokuriku Nat. Agric. Exp. Stn. 24:29‐83

9. 羽柴輝良・茂木静夫（1972）. 稲紋枯病菌の生育と菌核形成におよぼす窒素源と炭素源の比の影響. 北日本病虫研報 20:45‐49

10. Hashiba, T., Yamaguchi, T., and Mogi, S.（1972）. Biological and ecological studies on the sclerotium of *Pellicularia sasakii* Shirai, S. Ito. Ann. Phytopath. Soc. Japan. 38:414‐425

11. Hashioka, Y.（1970）. Rice diseases in the world VI. Sheath spot due to sclerotial fungi（Fungal diseases 3）. Riso 19:111‐128

12. Hashioka, Y., and Makino, M.（1969）. *Rhizoctonia* group causing the rice sheath spots in the temperate and tropical regions, with special reference to *Pellicularia sasakii* and *Rhizoctonia oryzae*. Res. Bull. Fac. Agr. Gifu Univ. 28:51‐63

13. 秦藤樹（2000）. 微生物学辞典. p.1405、日本微生物学協会. 技法堂

14. Hietala, A. M., Sen, R., and Lilja, A.（1994）. Anamorphic and teleomorphic characteristics of a uninucleate *Rhizoctonia* sp. isolated from the roots of nursery grown conifer seedlings. Mycol. Res. 98:1044‐1050

15. Holliday, P.（1989）. A dictionary of plant pathology. Cambridge Univ. Press. p.369, NY, USA.

16. 堀眞雄（1991）. イネ紋枯病. p.324、日本植物防疫協会

17. 百町満朗・稲垣公治（2009）. 菌類病（リゾクトニア病）の診断・同定. 第 6 回植物病害診断教育プログラム. pp.80‐89. 日本植物病理学会

18. 池上八郎・勝本謙・原田幸雄・百町満朗（1996）. 新編植物病原菌類解説. p.475、養賢堂

19. 稲垣公治・安達卓生（1987）. *Rhizoctonia* および *Sclerotium* に属するイネ諸菌核病菌の形態的並びに生理的特徴. 名城大農学報 23:23‐32

20. Inagaki, K., Fujii, T., Tomita, J., and Makino, M.（1982）. A comparison of the vitamins required by three *Sclerotium* species which cause rice sclerotiosis. Trans. Mycol. Soc. Japan 23:273‐278

21. Inagaki, K., and Makino, M.（1974）. Karyological characters of the fungi causing rice

sclerotiosis. Ann. Phytopath. Soc. Japan 40:368 - 371

22. 稲垣公治・牧野精（1975）. 稲菌核病を起因する *Sclerotium* 属 3 菌種の栄養生理，特に窒素源および炭素源について. 名城大農学報 11:1 - 5

23. 稲垣公治・牧野精（1977 a）. *Sclerotium* sp. によるイネ疑似紋枯病と *S. orizicola* に起因するアワ褐色小粒菌核病（新称）. 名城大農学報 13:6 - 11

24. 稲垣公治・牧野精（1977 b）. イネ赤色菌核病菌とイネ紋枯病菌の無機窒素利用の比較. 日菌報 18:57 - 63

25. 稲垣公治・奥田潔・牧野精（1978）. イネ赤色菌核病菌 *Rhizoctonia oryzae* の菌糸隔壁部構造並びに寄主範囲. 名城大農学報 14:1 - 6

26. 稲垣公治・上田晃久・清水稔・坂井英子・伊藤美奈子（1999）. マコモ褐色菌核病の発生様相. 関西病虫研報 41:11 - 16

27. Johnk J. S., and Jones, R. K.（1992）. Determination of whole-cell fatty acids in isolates of *Rhizoctonia solani* AG-1 IA. Phytopathology 82:68 - 72

28. 門脇義行・磯田淳（1993 a）. イネ各種菌核病の発生生態学的研究. 第 1 報 各種菌核病菌の水田における時期別消長. 日植病報 59:681 - 687

29. 門脇義行・磯田淳（1993 b）. イネ各種菌核病の発生生態学的研究. 第 2 報 水田での生育中のイネから分離されるイネ各種菌核病菌の推移. 日植病報 59:688 - 693

30. 門脇義行・磯田淳・塚本俊秀（1993）. イネ各種菌核病菌の田面からの簡易検出法に関する 2, 3 の知見. 近畿中国農研 86:3 - 7

31. Ko, W. H., and Hora, F. K.（1971）. A selective medium for the quantitative development of *Rhizoctonia solani* in soil. Phytopathology 61:707 - 710

32. 高坂卓爾・孫久弥寿雄・柚木利文（1957）. 稲紋枯病に関する研究. 第 2 報初発生に関する実験的考察. 中国農試報 3:407 - 421

33. 国永史朗（1986）. *Rhizoctonia solani* の理化学的性質による類別. 植物防疫 40:137 - 141

34. 国永史朗（2002）. *Rhizoctonia* 属菌および *R. solani* 種複合体の分類学の現況. 日植病報 68:3 - 20

35. 久能均・高橋壮・露無慎二・眞山滋志（1999）. 新編植物病理学概論. p.335、養賢堂

36. Lanoiseler, V.M., Cother, E.J., Cother N.J., Ash, G.J., and Harper, J.D.I.（2005）. Comparison of two total fatty acid analysis protocols to differentiate *Rhizoctonia oryzae* and *R. oryzae-sativae*. Mycologia 97:77 - 83

37. 松井秀樹・相良由紀子・郭慶元・荒川正夫・稲垣公治（2014）. 各種微量要素及び Si のイネ 4 種 *Rhizoctonia* 属菌の生育，菌核発芽及び紋枯病発病に及ぼす影響. 日植病報 80:152 - 161

38. Matsumoto, M., Furuya, N., and Matsuyama, N.（1997）. Characterization of *Rhizoctonia* spp. causalagents of sheath diseases of rice plant, by total cellular fatty acids analysis. Ann. Phytopathol. Soc. Jpn. 63:149 - 154

39. 三沢正夫（1965）. 病原糸状菌の培地における栄養因子. 日植病報 31（記念号）:27 - 34

40. 諸見里善一（1985）. *Rhizoctonia solani* Kuhn と *Sclerotinia sclerotiorum*（Libert.）de Bary の菌核生存に及ぼす 2, 3 の物理的要因の影響. 琉球大農学報 32:29 - 33

41. Moromizato, Z., Koyamada, K., and Tamori, M.（1996）. Carbohydrate utilization during the sclerotium formation of *Rhizoctonia solani* Kuhn AG-1（IA）. Ann. Phytopath. Soc. Jpn. 62:23 - 29

42. 中田覚五郎・河村栄吉（1939）. 稲の菌核病に関する研究（第 1 報）. 稲に発生する菌核病の種類及び病菌の性質. 農水省農事改良資料 :139

43. 野中福次・加来久敏（1973）. イネ菌核病菌の解剖学的所見，自然菌核について. 佐賀大農報 34:35 - 40

44. 生越明（1976）. *Rhizoctonia solani* Kuhn の菌糸融合による類別と各群の完全時代に関する研究. 農業技術研究所報告 C 第 30 号 :1 - 63

45. 生越明（1992）. 講座／真菌の分離と分類・同定 33:*Rhizoctonia* 属. 防菌・防黴 20:605 - 612

46. Ogoshi, A., Oniki, M., Sakai, R., and Ui, T.（1979）. Anastomosis grouping among isolates of binucleate *Rhizoctonia*. Trans. Mycol. Soc. Japan 20:33 - 39

47. 生越明・鬼木正臣・荒木隆男・宇井格生（1983）. 我が国と北米で報告された 2 核 *Rhizoctonia* の菌糸融合群と各群の完全世代について. 日菌報 24:79 - 87

48. Ogoshi, A., and Ui, T.（1979）. Specificity in vitamin requirement among anastomosis groups of *Rhizoctonia solani* Kuhn. Ann. Phytopath. Soc. Japan 45:47 - 53

49. 鬼木正臣・生越明・荒木隆男・酒井隆太郎・田中澄人（1985）. *Rhizoctonia oryzae* および *R. zeae* の完全世代と *Waitea circinata* の菌糸融合群. 日菌報 26:189 - 198

50. Ou, S.H.（1984）. Fungus diseases-Diseases of stem, leaf sheath and root. *In* Rice diseases. Commonw. Mycol. Inst. Kew. pp.247 - 300

51. Parmeter,J.R.Jr.（1970）. *Rhizoctonia solani*, Biology and Pathology. p.243, University of California Press, Berkley, Loa Anjels and London

52. Paulitz, T. C., and Schroeder, K. L.（2005）. A new method for the quantification of *Rhizoctonia solani* and *R. oryzae* from soil. Plant Diseases 89:767 - 772.

53. 桜井基（1917）. 稲の菌核病について. 愛媛県農事試験状報告 1:1 - 60

54. 澤田兼吉（1922）. 台湾産菌類調査報告第 2 編. 台湾総督府中央研農報 2:171 - 175

55. 清水稔・荒川征夫・稲垣公治（2015）. イネ各種菌核病を引き起こす *Rhizocctonia* 及び *Sclerotium* 属菌の菌核発芽様式. 名城大農学報 51:9 - 15

56. 白井光太郎・原摂祐（1930）. 作物病理学. pp.163 - 169，養賢堂

57. Sneh, B., Burpee, L., and Ogoshi, A.（1991）. Identification of *Rhizoctonia* species. p.133, APS Press, St. Paul, Minnesota, USA Phytopath. Soc

58. Talbot, P. H. B.（1971）. Principle of fungal taxonomy. p.274, Macmillan Press. London and Basingstoke

59. 宇井格生・斎藤泉（1967）. *Rhizoctonia* 菌糸の細胞核数について. 北大農邦文紀要 6:359 - 363

60. Uyeda, A., Ishikawa, Y., Inagaki, K., Chujo, J., and Ogasawara, T.（2000）. Comparison of vitamin effects on growth of *Rhizoctonia zeae, Rhizoctonia oryzae,* and *Waitea cirucinata*. Sci. Rept., Fac. Agr. Meijo Univ. 36:67 - 73

61. 渡辺文吉郎・松田明（1966）. 畑作物に寄生する *Rhizoctonia solani* Kuhn の類別に関する研究. 指定試験（病害虫）第 7 号 :1 - 138

62. 渡辺文吉郎・鬼木正臣・野中福次（1977）. イネ褐色紋枯病（新称）について. 九州病虫研報 23:22 - 25

63. 山口富夫・岩田和夫・倉本孟（1971）. 稲紋枯病の発生予察に関する研究，第 1 報　越冬菌核と発生との関係. 北陸農試報 13:15 - 34.

64. 吉村彰治・田原敬治（1959 a）. イネモンガレ病菌の栄養生理に関する研究. 第 2 報　培養基の種類及び要素欠培養について. 北陸病虫研報 7:75－79
65. 吉村彰治・田原敬治（1959 b）. イネモンガレ病菌の栄養生理に関する研究. 第 3 報　炭素源の種類と菌の生育について，北陸病虫研報 7:80－83.

付図 2　田植え後の水田（三重県桑名市：5 月上旬）

第III章

世界および我が国における菌核病の発生実態

　栽培稲の2種が含まれるイネ属（*Oryza*）には他にも多くの種が所属しているが、これらは熱帯地方を中心として世界中の広範囲の地域に分布している（37）。したがって、イネを寄主としてイネから栄養物を取り入れて生活している菌核病菌は生育適温が上述のように好高温性であるものが多い。本章においては、このような菌核病菌による菌核病の世界各地イネ作地帯、および我が国における発生状況をみて、さらに水田内での発生実態を稲株レベルや混合発生の面から詳細に検討する。また、菌核病菌のイネへの感染・発病の要因としての有性胞子（担胞子）形成と毒素生産についても概説する。

第1節　菌核病菌のイネへの感染と病原性

1. 感染（担胞子を含む）

　植物が病原体に侵されると植物体内で病原体が定着し、植物と病原体との間で栄養授受関係が起きて感染（infection）が成立する。その後、植物体上で病斑が形成されて病斑上に病原体の胞子や菌糸などがみられるようになり発病が起こる。この一連の過程はパソジェネシス（pasogenesis）と呼ばれている。この過程のうち最初の侵入の場に関しては　1）気孔や水孔などの自然開口部、2）植物体の傷口、3）植物体に病原体があける孔、の3つが考えられる（10）。*Rhizoctonia*属菌の場合には、通常、3つ目の方法で植物体に侵入するが、侵入前に植物体の表面上に侵入座（infection cushion）と呼ばれる菌糸の密なマスを形成し（付着器：appresorium）、この器官から侵入する。紋枯病菌はイネの葉鞘裏面より侵入するが、この場合、イネのいずれの葉鞘位でも締まり方がゆるいほうが感染・発病が増大する（25）。この点について、人為的に葉鞘を軽く開いて菌侵入を容易にすることによって、自然状態の葉鞘に比べて大型の病斑を形成することも確認され、葉鞘の密着の程度が病原力に影響することが明らかにされている（13）。紋枯病菌と赤色菌核病菌のイネへの感染様相に関して、微細構造観察では基本的に同じであり、侵入前構造物として侵入座とロベートマイセリュームの2種類の構造をつくり、これらから侵入糸（infection peg）が出て植物体内に貫入（penetration）する（9、26）。また、貫入をともなわない気孔からの侵入は、通常、葉鞘の外側でなく内側の表面で起きる（9）。

　一方、*Rhizoctonia solani*の完全時代である*Thanatephorus cucumeris*の担胞子による圃場での感染・発病はAG 2-2 IV、AG 2-3、AG 3に関してビートやジャガイモ圃場で調査がなされているが（30）、イネ体での紋枯病菌についての調査（6、29）からは、子実層の形成は病斑上昇期（穂孕期）～乳熟期の約2週間みられ、その前後には観察されていない（6）。子実層の形成時間帯は夜半頃の24時に始まり6時に最高となり、日の出とともに消失し始め9時には著しく減少することが示されている（表3-1-1）。また、この調査では、接種源はイネ体上より採取した担胞子にジャガイモ煎汁液を加えた〔担胞子＋ジャガイモ煎汁液〕として、葉鞘表面や葉身へ接種することによってイネに正常大型の病斑を形成することが確認されており、水田において担胞子は接種源としての意義があると考え

表 3-1-1　イネ体上における紋枯病菌子実層の形成・消失時間

調査月日	100 株中の白色子実層形成数（形成茎数）								
	子実層の形成・消失時間（午後 12 時 ～ 翌日の午後 12 時）								
	12	15	18	21	24	3	6	9	12
8 月 13 ～ 14 日	0 (0)	0 (0)	0 (0)	0 (0)	3 (5)	17 (33)	24 (82)	11 (13)	0 (0)
8 月 16 ～ 17 日	2 (4)	0 (0)	0 (0)	0 (0)	6 (8)	13 (21)	29 (113)	7 (9)	1 (1)
8 月 17 ～ 18 日	1 (1)	0 (0)	0 (0)	0 (0)	0 (0)	0 (0)	6 (14)	0 (0)	／

（深津ら、1960）

られている。この場合、担胞子液にジャガイモ煎汁液に替えて殺菌蒸留水とすると病原性は確認できず、このジャガイモ煎汁液や薬液が担胞子の発芽促進や発芽間伸長を助長することが指摘されている。

2. 毒素生産および病原性とその評価法

(1) 毒素

　前述のように、植物は病原体と遭遇して感染が成立してから様々な症状を示して発病するが、通常、感染成立後に病原菌側から植物ホルモン、低分子毒素、酵素など様々な代謝産物が生産される（24）。これらの代謝活性物質のうち毒素に関しては、紋枯病菌は p‒ヒドロキシフェニール酢酸（5）、赤色菌核病菌は p‒ヒドロキシ安息香酸を産生する（1）。また、赤色菌核病菌は他にフェニール酢酸、p‒ヒドロキシフェニール酢酸、マンデル酸をも産生することが知られている（2）。さらに、紋枯病菌については、病原菌の宿主にのみ病原性を発揮しうる宿主特異的毒素の産生が報告されている。すなわち、この毒素はグルコース、マンノース、N‒アセチルガラクトサミン、および N‒アセチルグルコサミンを含む一種の炭水化物（carbohydrate）であるとされ、強病原性菌株は毒素産生量が多く弱病原性菌株は産生が少ない（36）。また、宿主がイネ以外にワタ、トマトからの分離菌株も同毒素を産生し、非宿主であるココナッツ葉には高濃度の毒素でも病斑を形成しない。

(2) 病原性とその評価法

　各種菌核病菌のイネに対する病原性試験には、接種源として稲わら培地（rice straw medium）を使用する方法がある。まず、水道水に浸してからよく水を切

った約 1 ～ 2 cm 長の稲わら片と 1% グルコース液（10 ml）を、三角フラスコに入れ 高圧滅菌（121 ℃、20 分）の後、病原菌の PSA 培養菌叢片を移植し 30 ℃、14 日間培養する。この培養稲わら片をガーゼ（約 5 × 5 cm 四方）で包み接種源（inoculum, inocula）として、1 a / 5000 ワグネルポットで栽培した最高分げつ期 ～ 出穂期イネの株元部に挿入する。この株元部の高湿状態を保つためビニール（約 30 × 30 cm 四方）で被覆して 4 ～ 5 日後にビニールを取り外してから、さらに 7 ～ 10 日目に発病調査を行う。

　各種菌核病菌の菌種内において、多くの菌株間でイネに対する病原性を比較する場合が多いが、その発病評価の方法について病斑高率（%）、被害度（%）、発病茎率（%）、および病斑面積率（%）の 4 法を紹介する。まず、病斑高率（%）については、イネ 1 株内における発病総茎の最上位形成病斑の高さ（株元よりの高さ：cm）が 株内総茎の草丈（cm）に対する割合（%）、すなわち〔（最上位病斑高／草丈）× 100〕で表される。被害度（%）は〔（3n1 + 2n2 + 1n3 + 0n4）/ 3N〕× 100 で表され、このうち N は総茎数、n1 + n2 + n3 + n4 の n1 は止葉葉鞘に発病している茎数、n2 は第 2 葉鞘に発病している茎数、n3 は……茎数、3 ～ 0 は指数を表している（7）。発病茎率（%）はイネ 1 株内発病茎数の調査総茎数に対する割合、発病面積率（%）はイネ 1 茎上の全病斑面積（cm²）の 1 茎全表面積（cm²）に対する割合である。なお、発病面積率の場合、1 個の病斑面積は〔病斑のタテ（cm）× ヨコ（cm）〕で便宜上表し、1 茎の全表面積は〔茎長（cm）× 2 π × 茎の半径（cm）〕として算出する（27）。

　褐色紋枯病菌（5 菌株）、褐色菌核病菌（5 菌株）、赤色菌核病菌（10 菌株）、および紋枯病菌（1 菌株）を用いて、幼穂形成期のポット栽培イネ（品種：レイホウ）に対して PSA 菌叢片を接種した実験において、イネに対する病原性（pathogenicity）は紋枯病菌 > 赤色菌核病菌 > 褐色菌核病菌 > 褐色紋枯病菌であることが示されている（33）。また、8 種の菌核病菌間（34）では、紋枯病菌 > 赤色菌核病菌 > 褐色紋枯病菌 > 褐色菌核病菌 > 株腐病菌（*Corticium gramineum*：2 核）・灰色菌核病菌・*Rhizoctonia* sp.・*R. zeae* であると指摘されている。PSA 菌叢片を接種源とした、最高分げつ期（7 月上旬）と登熟期（9 月下旬）のイネに対する接種実験（紋枯病菌：非調査）においては（20）、最高分げつ期［7 月上旬］では赤色菌核病菌と褐色菌核病菌は発病し、灰色菌核病菌と球状菌核病菌は発病がほとんどみられないが、登熟期にはいずれの菌種も発病可能となる（表 3

表 3-1-2　各種菌核病菌のイネに対する病原性

菌種	最高分げつ期 *		登熟期	
	病斑数	病斑の大きさ（cm）	病斑数	病斑の大きさ（cm）
赤色菌核病菌	3.1	1.71 × 0.36	4.4	1.72 × 0.46
灰色菌核病菌	0.2	1.12 × 0.17	1.3	0.69 × 0.21
球状菌核病菌	0.4	1.03 × 0.27	2.4	0.87 × 0.23
褐色菌核病菌	1.5	1.32 × 0.34	1.4	1.44 × 0.34

* 最高分げつ菌　7月上旬、登熟期　9月下旬（品種：初霜）。　（稲垣ら、1981）

－1－2）。この実験において、病斑形成数および病斑の大きさは両時期とも赤色菌核病菌が最大であり、次いで褐色菌核病菌である。

第2節　世界および我が国における菌核病発生

1. 世界における発生

　中田・河村（31）は1928年以降の世界17カ国・地域（北・南米、東南アジア、ヨーロッパ、中国、韓国、台湾、日本）における菌核病菌の分布に関して、収集菌株の調査および過去の文献調査を行っている。それによると、球状菌核病菌：北米、フィリピン、ジャワ島、インド、インドシナ、セイロン、ドイツ、ブルガリア、中国、日本、韓国、台湾の12カ国・地域、紋枯病菌：北米、フィリピン、ジャワ島、セイロン、中国、日本、韓国、台湾の8カ国・地域、褐色菌核病菌：フィリピン、セイロン、日本、韓国、台湾の5カ国、灰色菌核病菌：日本、台湾の2カ国で、それぞれの菌核病菌の分布が確認されている。特に、日本と台湾は菌核病菌の種類が最も多く、フィリピン、セイロン、韓国も多いとしている。さらに、Hashioka and Makino（8）は1890〜1970年における調査を行い、紋枯病菌は温帯・熱帯地方、特にアジア地域（極東）に分布していて、日本、台湾、インド、セイロン、ベトナム、タイ、フィリピン、フィジー、米国、ベネズエラの10カ国・地域が示されている。赤色菌核病菌は亜熱帯・熱帯、特に熱帯地方に分布し、日本、カンボジア、タイ、台湾、フィリピン、米国、西アフリカ、ブラジルの8カ国・地域、褐色小粒菌核病菌（*Rhizoctonia zeae*）は米国の1カ国、*Corticium microsclerotia* による菌核病はビルマ、インド、セイロン、マレーシア、ベトナム、フィリピン、中国の7カ国での発生が、それぞれ指摘されている。

2. 我が国における発生

　水田においてイネに発生している菌核病の種類を知るためには、後述のように病斑または罹病部の特徴から知る方法と、病斑から病原菌を分離してその菌の培養的特徴から知る方法、また近年では病原菌の特異的プライマーなどを用いた分子生物学的手法（3、4）もある。主に、前者の2法に基づいた菌核病の発生調査が中田・河村（31）によりなされていて、1930年前後には紋枯病は調査46都道府県中で2府、38県、褐色菌核病は1道、1府、28県、球状菌核病は1道、1府、30県と、いずれも我が国で広く分布しているが、灰色菌核病は13県と比較的少ない。その後、このような調査はほとんどなされていないが、約40年後に野中ら（32）は北海道 ～ 九州の9地域より採集された紋枯病様病斑から菌核病菌310菌株を分離して、そのうちの83 %が紋枯病菌であり、他に褐色菌核病菌、褐色紋枯病菌、灰色菌核病菌、赤色菌核病菌、および球状菌核病菌をそれぞれ1 ～ 5 %の割合で分離している。さらに、紋枯病菌以外の菌核病菌に関しては、東北地方において褐色菌核病菌が40 %と特に多く確認されている。また、稲垣・仲本（19）は1979 ～ 1981年にかけて中部・近畿・中国地域、四国地域、九州地域、南西諸島地域（奄美諸島と沖縄県）の4地域の137地点、220水田より菌核病病斑を採集（紋枯病病斑は非採集）し、褐色菌核病菌（確認地点数80地点）、灰色菌核病（58地点）、赤色菌核病菌（28地点）、球状菌核病菌（25地点）、褐色紋枯病菌（20地点）を分離している。これらの紋枯病様病斑からの菌分離調査により、中部以西の地域には褐色菌核病および灰色菌核病が広範囲に分布しており、これら2種類菌核病に比べて赤色菌核病、球状菌核病および褐色紋枯病の発生は少ないこと、さらに灰色菌核病については南西諸島で特に少なく、本州地域との間で発生頻度に差異が確認されている。

　山形県における紋枯病、赤色菌核病、および褐色菌核病の3種類の菌核病の発生について、置賜地方（山間部・中山間部：1980年）と庄内地方（平坦部：1981年）の計70地点で調査されている（11）。その結果、置賜地方では調査13地点中、褐色菌核病が12地点、赤色菌核病が1地点、紋枯病が4地点で確認され、また庄内地方では褐色菌核病が57地点中すべての地点で、赤色菌核病が15地点、紋枯病が27地点で確認され、山形県内においては褐色菌核病の発生が最多で、紋枯病と赤色菌核病はほぼ同じ程度であることが明らかにされた。

　1県内において、地域間で菌核病の種類による発生の違いが指摘されている。

すなわち、宮城県（調査地点数：80）においては、紋枯病菌と褐色菌核病菌が全県的に分布しているものの赤色菌核病菌は平坦部に分布している（28）。また富山県（調査地点数：91）においては紋枯病様病斑からの病原菌の分離調査がなされ、紋枯病菌が全体の 70 ％と最多で、次いで赤色菌核病菌が 12 ％、褐色紋枯病菌が 9 ％、褐色菌核病菌と灰色菌核病菌が 2 ～ 7 ％確認されている（35）。このうち、紋枯病菌の分離率については県東部では 60 ～ 80 ％、県西部では 96 ～ 100 ％（一部 52 ％の地点あり）と異なっている。島根県においては、コシヒカリと日本晴の 2 品種の栽培圃場で菌核病発生調査がなされた。紋枯病、褐色菌核病、灰色菌核病の発生は県下圃場の 3 / 4 で確認され、次いで赤色菌核病、褐色紋枯病であり、球状菌核病と褐色小粒菌核病の発生はきわめて少ない（22）。また、褐色菌核病は山間部で多く、一方、赤色菌核病と褐色紋枯病の 2 種類菌核病は平坦部での発生が多いことが認められている。

第 3 節　水田における菌核病の発生様相

1．イネ株内葉鞘上における発生位置

　イネが登熟期にあたる 9 月下旬 ～ 10 月上旬に、1981 年には愛知県内 4 市 5 郡の 18 地点、1982 年には 3 市 5 郡の 10 地点の水田より紋枯病発生が顕著な紋枯病多発株（SB 株）：35 株、典型的な紋枯病病斑とは異なる紋枯病様病斑を有する各種菌核病発生株（SBL 株）：80 株に分けてイネ株が採集された（15）。これらイネ株を下位葉鞘：水際部から 15 cm まで、上位葉鞘：15 ～ 35 cm までの 2 つに分けて、形成病斑からの病原菌分離率に基づいて各種菌核病の発生位置を調べると、紋枯病は上位葉鞘、褐色菌核病と球状菌核病は下位葉鞘に発生しやすいことが明らかにされた（表 3 - 3 - 1）。山形農試によるササニシキおよびキヨニシキ 2 品種に対する 3 種菌核病菌の接種実験結果からは、紋枯病は止葉葉鞘、赤色菌核病は第 2 葉鞘、また褐色菌核病は第 3 葉鞘で、それぞれ菌核病発生頻度が最も高く、紋枯病と赤色菌核病の場合には〔止葉葉鞘 ＋ 第 2 葉鞘〕、褐色菌核病の場合には〔第 2 葉鞘 ＋ 第 3 葉鞘〕で、いずれも 60 ～ 70 ％の発病率を示す（12）。さらに、最上位病斑高も紋枯病が最も高く（平均：47 ㎝）、次いで赤色菌核病（36 cm）であり、褐色菌核病（25 cm）は最も低い傾向にある。このように紋枯病病斑が上位葉鞘に多く、他の菌核病病斑は比較的下位葉鞘に形成され

66

表3-3-1　各種菌核病のイネ葉鞘上の病斑形成位置

菌核病菌	紋枯病多発株				各種菌核病発生株			
	イネ株元*		イネ株上部**		イネ株元		イネ株上部	
	分離菌株数	分離率（%）	分離菌株数	分離率（%）	分離菌株数	分離率（%）	分離菌株数	分離率（%）
灰色菌核病菌	51	19.0	29	7.9	197	15.0	173	22.9
球状菌核病菌	25	9.3	13	3.5	35	2.7	8	1.1
褐色菌核病菌	44	16.4	23	6.3	900	68.6	385	51.1
赤色菌核病菌	6	2.2	0	0.0	148	11.3	102	13.5
紋枯病菌	140	52.3	302	82.3	22	1.7	78	10.3
褐色紋枯病	2	0.8	0	0.0	9	0.7	8	1.1
計	268	100	367	100	1311	100	754	100

*地際部から15cmまでの範囲、**15〜35cmまでの範囲。　（稲垣、1983）

やすいという傾向は富山県（35）、宮城県（28）、および島根県（21、22）における調査でも報告されている。図3-3-1には宮城県（28）における調査結果で、イネ体上での紋枯病、褐色菌核病、および赤色菌核病の最上位病斑がどの葉鞘に形成されるかを明確に表している。このような紋枯病菌以外の各種菌核病菌のイネ体上での発病傾向は、それら菌核病菌のイネに対する弱病原性、強腐生的生存能力、イネ下位葉鞘の低い生理活性程度に起因すると考えられている（21）。さらに、1葉鞘内での病斑の形成位置に関しては、紋枯病病斑が「葉節部およびその直下」または「葉鞘基部およびその直上」に形成されるのに対して、赤色菌核病と褐色菌核病の病斑は「葉鞘の中間部」に多いことが明らかにされている。このような違いは病原菌のイネ体への侵入様相の差異に起因すると考えられている（12）。

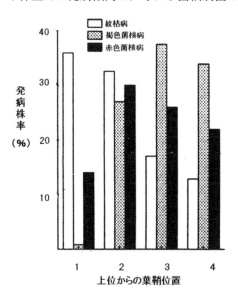

図3-3-1　3種類菌核病の最上位病斑の葉鞘
　　　　　形成位位置に基づく発病株率（%）
（三浦ら、1988）

2. 水田における混合発生

(1) イネ株内

　イネ株内に発生している菌核病の発生様相をみるために、9月下旬から10月上旬に愛知県内2地区（東郷町、日進市）の各3水田、計6水田において畦畔近くの30〜150株（互いに連続している株）の調査が行われた（17）。この調査によると、5種類の菌核病のうちでは紋枯病の発生株が66％と最も多く、次いで褐色菌核病と灰色菌核病が多く15％、赤色菌核病と褐色紋枯病は1〜3％と低かった（表3-3-2）。この調査において発生が多くみられた紋枯病、褐色菌核病、灰色菌核病に関して、まず紋枯病発生イネ株総数のうち、その90％のイネ株が同病単独発生株であり、このような菌核病単独発生イネ株の割合は褐色菌核病では75％、灰色菌核病では78％であった（表3-3-3）。

　また、紋枯病病斑が多い紋枯病単独発生株35株を愛知県内（三河山間部）より採取して、その株内の病斑から病原菌を分離すると、紋枯病菌の分離率は70％であり、他の *Rhizoctonia* および *Sclerotium* 属菌も30％分離された。これらのことから、いくつかの菌核病が混在している水田においては（後述）、イネ株レベルでの菌核病発生は通常1種類が主であると考えられ、このような1種類の菌核病が優占するイネ株においても低頻度ながら他の菌核病菌が混在して菌核病を引き起こしていることがわかる。ただ、イネの生育後期にはイネ茎上で病斑形成がみられなくとも病原菌が分離される可能性もあるため（23）、イネ茎での病斑形成の有無と、そこに存在する病原菌量との関係についてのさらなる調査が期待される。

表3-3-2　イネ登熟期6水田における各種菌核病の発生株数

菌核病	菌核病の発生イネ株数							菌核病発生割合(%)**
	TM	TO	TT	NN	NS	NW	計	
紋枯病	29	14	0	57	58	82	240	65.9
赤色菌核病	1	0	2	0	7	1	11	3.0
褐色菌核病	0	28	0	28	0	0	56	15.4
灰色菌核病	1	20	21	2	11	0	55	15.1
褐色紋枯病	1	0	0	0	1	0	2	0.6
調査総イネ株数	50	140	100	120	110	100	620(337)*	100.0

* 調査イネ株総数：620、菌核病発生株総数：337。
** （菌核病発生株数／調査イネ株総数）×100。　（稲垣ら、1991）

表 3-3-3　各種菌核病のイネ株内における併発状況

菌核病	併発病害	イネ株数*	%
紋枯病（Ps）	なし（Ps のみ）	218	90.0
	赤色菌核病	5	
	灰色菌核病	8	10.0
	褐色菌核病	11	
	褐色紋枯病	0	
	計	242	100.0
赤色菌核病（Ro）	なし（Ro のみ）	5	45.5
	紋枯病	5	
	灰色菌核病	1	54.5
	褐色菌核病	0	
	褐色紋枯病	0	
	計	11	100.0
褐色菌核病（Sos）	なし（Sos のみ）	42	75.0
	紋枯病	11	
	赤色菌核病	0	25.0
	灰色菌核病	3	
	褐色紋枯病	0	
	計	56	100.0
灰色菌核病（Sf）	なし（Sf のみ）	42	77.8
	紋枯病	8	
	赤色菌核病	1	22.2
	褐色菌核病	3	
	褐色紋枯病	0	
	計	54	100.0
褐色紋枯病（Rs）	なし（Rs のみ）	2	100.0
	紋枯病	0	
	赤色菌核病	0	0.0
	灰色菌核病	0	
	褐色菌核病	0	
	計	2	100.0

＊菌核病発生イネ株数：327、調査イネ株数：627。　（稲垣ら、1991：一部改編）

（2）水田

　愛知県内の 6 地区（愛知郡東郷町、日進町、長久手町）、8 水田において、5
種類菌核病（紋枯病を除く）の併発の実態が調べられている（18）。水田内の 1
地点をイネ株数で 10 ～ 20 株の占める小範囲として、水田内を 5 m 間隔で 35 ～
45 地点、計 401 地点が設定され、310 地点で菌核病発生が確認された。このう
ち 252 地点（77.3 ％）では菌核病が 1 種類、54 地点（17.4 ％）では 2 種類、4 地

点（1.3 %）では 3 種類で、1 地点に 4 種類以上の菌核病が混在している地点は
なかった。前項においてイネ 1 株内では 1 種類の菌核病発生が主であることを
記したが、本調査におけるようにイネ株 10 〜 20 株が占めるさらに広い範囲に
おいても、通常 1 種類の菌核病が優占的に発生している場合が多いことが明らか
になった。

　水田内全体でみた場合、混合発生している菌核病の組み合わせは灰色菌核病
と褐色菌核病を含む 3 〜 4 種類の場合が多い（表 3 - 3 - 4）。また、1 種類の菌
核病の発生地点数割合（%）が 51 %以上（＋＋＋〜＋＋＋＋）と高い場合には、
他の菌核病の発生地点数割合は 0 〜 25 %（−〜＋）と低くなる傾向にあること
から、1 水田に 2 種類以上の菌核病が同時に多発生していることは少ないと考え
られる。島根県における調査（病原菌分離率に基づく）においても愛知県におけ
る場合とほぼ同様に、1 圃場内では 1 種の菌核病菌のみの検出は少なくて 2 〜 4
種の場合が多く、紋枯病菌、褐色菌核病菌、灰色菌核病菌のうちの 2 種が混在す
る場合が 70 〜 95 %を占める（22）。

表 3-3-4　水田における各種菌核病の混合発生

水田（所在地）	調査面積 (m²)	調査年	品種	発生地点数割合 *				
				灰色菌核病	球状菌核病	褐色菌核病	赤色菌核病	褐色紋枯病
TK（愛知郡）	600	1982	晴々	＋＋＋	＋	＋	−	＋
〃	〃	1983	〃	＋＋	＋	＋	＋	＋
TO（愛知郡）	600	1983	黄金晴	＋＋＋	＋	＋＋	＋	−
〃	〃	1984	〃	＋＋＋	＋	＋	＋	−
NE（日進市）	625	1983	碧風	＋	＋	＋＋	＋＋	−
〃	〃	1984	〃	＋	＋	＋	＋＋	−
NI（日進市）	700	1984	黄金晴	＋＋	＋	＋＋	＋	−
NU（日進市）	600	1984	太刀風	＋	＋	＋＋＋＋	−	−
NW（日進市）	600	1984	黄金晴	−	−	＋＋＋＋	−	−
KS（東海市）	600	1983	日本晴	＋＋＋	＋	＋＋	−	−
GS（長久手市）	500	1983	黄金晴	＋	−	＋＋＋	−	＋

＊菌核病の総調査地点数に対する発生地点数の割合（%）を示す。−：0%、＋：1 〜 25%、
　＋＋：26 〜 50%、＋＋＋：51 〜 75%、＋＋＋＋：76 〜 100%。　　（稲垣・伊藤、1985）

(3) 年次推移

　前記の菌核病混合発生の調査を行った愛知県内 8 水田のうちの 1 水田（TO）
において、1981 〜 89 年のうち 8 年：8 回にわたり、5 種類の菌核病の発生状況
の変遷が調査されており（16）、図 3 - 3 - 2 には調査年ごとの各種菌核病発生の

場（地点）を示した。また、5種類の菌核病のうち、発生頻度が高かった灰色菌核病、褐色菌核病の2種類の菌核病に加え赤色菌核病を含めた3種類の菌核病について、8年（回）調査中での水田内地点別の発生年数を図3-3-3にまとめ

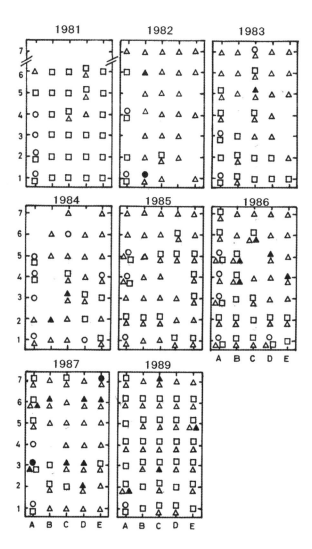

図 3-3-2　水田内における 5 種類菌核病発生の年次推移

△灰色菌核病　□褐色菌核病　○赤色菌核病　▲球状菌核病　●褐色紋枯病　1 ～ 7、A ～ E の各地点間の距離：5m　（稲垣、1993）

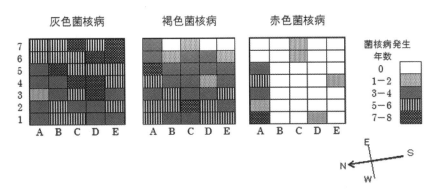

図 3-3-3　1981 〜 1989 年のうちの 8 年間における 3 種類菌核病の水田（TO 水田）内地点別での発生年数　（図 3-3-2 を改編）

　た。図から明らかなように、灰色菌核病は水田 の中央部から上部（東側）にかけてほぼ 2 / 3 の面積で発生し、7 〜 8 回と高頻度な発生地点や、5 〜 6 回の発生地点も東側部で多く確認された。一方、褐色菌核病の発生は年によって増減がみられたが、概して水田全体の約 1 / 2 の面積に西側地点に多くみられた。5 〜 6 回の発生地点も 9 地点でみられ、そのうち 8 地点が西側部で、また東側畦畔部では本病発生がみられない地点も 3 地点あった。これら 2 種類の菌核病に比べ赤色菌核病の発生は水田全体の約 1 / 10 の面積で少なかった。毎年 1 〜 7 地点で確認されたが、確認地点の大半は 1A 〜 5A の場所に集中し、特に 1A 地点は 8 回の調査すべての回で本病発生が確認され、また 4A 地点も 6 回と多く特異的であった。褐色紋枯病の発生は 1982 年と 1987 年にそれぞれ 1 地点ずつと少なく、また球状菌核病の発生は 8 回の調査中 6 回、21 地点でみられたものの、特定の場で継続して確認されるという傾向はなかった。

　このような菌核病の長期にわたる発生調査から、灰色菌核病、褐色菌核病、赤色菌核病に関しては水田内での発生の場が大きく変動することがなく、この傾向は特に赤色菌核病で顕著であることがうかがわれる。この調査では非調査である紋枯病については、一般に畦畔部での頻繁な発生が知られており、その主要因として被害残渣や菌核の水による畦畔部への集積が指摘されているが、同じ菌核病に属する灰色菌核病などでは紋枯病にみられるような発生傾向は確認されなかった。このような紋枯病と他菌核病との違いを説明するような要因は現在明らか

でない。また、本調査において全調査期間 8 年のうち 7 ～ 8 回とほぼ毎年、同じ菌核病が発生している地点では、他の菌核病の発生回数は明らかに少なく、水田においては菌核病菌同士でそれぞれの菌核病発生に影響を及ぼし合っていることが考えられる。

第 4 節　イネおよび各種野菜の生育初期における発病

　近年、我が国の農業形態がコメ利用の大幅な減少や諸外国との貿易問題など様々な事情により田畑転換や転作、耕作放棄などが起きている。これらの諸要因や、病害防除等の目的のための輪作、あるいは水田裏作などによって、水田は稲作から畑作物、あるいは逆に畑作物から稲作への変換などがなされる傾向が強くなってきている。このようなことから、水田においてはイネと野菜やマメ類などの作物間で栽培転換が現実化していて、かつ多くの菌核病菌が多犯性であることから、転換作物での菌核病発生についての調査を進める必要がある。このような観点から、イネ（品種：初霜）を含め、ダイコン、ササゲ、キュウリ、トマトの計 5 種類の作物種子の初期生育に及ぼす赤色菌核病菌、灰色菌核病菌、球状菌核病菌および褐色菌核病菌の 4 種の菌核病菌の影響が検討されている（14）。この調査ではフスマ培地上で菌培養をしたのち、プラスチック製プランターに殺菌土壌と混ぜて菌汚染土壌を作り、ここに 5 種類の作物の種子を播いて生育状況を観察する。

　その結果、種子の発芽率（％）は最高でも 20 ％で、ほとんどが 10% 未満であり、4 種の菌核病菌は 5 種類の作物の種子発芽に大きな影響を及ぼさないことが判明した（表 3 - 4 - 1）。また、種子発芽後の幼苗（播種後 10 日目）について立枯症状の有無をみると、灰色菌核病菌と球状菌核病菌の 2 菌種はこれら作物のいずれにも立枯を起こすことはほとんどないが、赤色菌核病菌と褐色菌核病菌はイネ以外の作物の幼苗立枯を引き起こす割合が高く、特に赤色菌核病菌はダイコンに半数以上の立枯を引き起こすことがある。赤色菌核病菌と褐色菌核病菌は幼苗の大きさにも大きく影響し、赤色菌核病菌は 4 種類の作物すべてに、また褐色菌核病菌はイネとトマトに強い生育抑制を引き起こした。従来、イネの菌核病菌はほとんどがイネそのものの生育に対して焦点が当てられていたが、前述のようにイネ以外の作物をも対象として調査を進める必要がある。水田に長期にわたり残

存している菌核病菌の菌核のうち、特に赤色菌核病菌や褐色菌核病菌の菌核が原因となって、イネの後作としての各種野菜の生育に大きく影響を及ぼす可能性があると考えられる。

表 3-4-1　各種菌核病菌のイネおよび 4 種類野菜の初期生育に及ぼす影響

菌種	イネ	ダイコン	ササゲ	キュウリ	トマト
発芽阻害率(%)					
赤色菌核病菌	5.2	1.2	6.3	13.0	19.5
灰色菌核病菌	3.1	1.2	3.8	11.5	9.0
球状菌核病菌	4.9	8.4	0.0	5.4	1.7
褐色菌核病菌	1.0	12.5	6.3	3.0	10.0
対照区	0.0	0.0	0.0	0.0	0.0
立枯率(%)					
赤色菌核病菌	0.0	51.6	26.9	6.4	27.8
灰色菌核病菌	0.0	6.6	0.0	7.4	17.5
球状菌核病菌	0.8	16.8	3.3	1.9	11.7
褐色菌核病菌	0.0	36.9	15.2	22.8	28.6
対照区	0.0	0.0	0.0	0.0	0.0
幼苗大きさ(mm)	（根長：mm）				
赤色菌核病菌	108.9** （69.2）	54.7*	－	56.4**	28.2**
灰色菌核病菌	135.8 （66.6) *	66.2	－	86.5	30.2*
球状菌核病菌	149.3 （89.0）	83.0	－	82.4	41.4
褐色菌核病菌	100.0** （76.7）	65.4	－	79.4	25.3**
対照区	163.0 （94.8）	81.4	－	86.8	41.5

*, ** それぞれ、5%、1% レベルで対照区との間に有意差あり。　　（稲垣、1980）

引用文献

1. Adachi, T., and Inagaki, K.（1988）. Phytotoxine produced by *Rhizoctonia oryzae* Ryker et Gooch. Agric. Biol. Chem. 52:2625
2. 安達卓生・稲垣公治（1995）. イネ赤色菌核病菌（*Rhizoctonia oryzae* Ryker et Gooch）の産生する植物毒素（その1）. 名城大農学報 31:1 - 3
3. 荒川正夫・稲垣公治（2007）. イネ紋枯病菌および類縁菌識別用の特異的 PCR プライマーの設計. 名城大総研紀要 12：25 - 31
4. Arakawa, M. and Inagaki, K. (2014). Molecular markers for genotyping anastomosis groups and understanding the population biology of *Rhizoctonia*species. J. Gen. Plant Pathol. 80:401 - 407
5. Chen, Y.（1958）. Bull. Agric, Chem. Soc. Jpn. 22:136 - 142

74

6. 深津量栄・柿崎正・平山成一（1960）．稲紋枯病の担胞子による二次伝染に関する研究．高知農試研報 2:26－38

7. 羽柴輝良・内山田博士・木村健治（1981）．イネ紋枯病病斑高率からの被害度の算出法・日植病報 47:194－198

8. Hashioka, Y., and Makino, M.（1969）. *Rhizoctonia* group causing the rice sheath spots in the temperate and tropical regions, with special reference to *Pellicularia sasakii* and *Rhizoctonia oryzae*. Res. Bull. Fac. Agr. Gifu Univ. 28:51－63

9. Hashioka, Y., and Okuda, K.（1971）. Scanning and transmission electronmicroscopy on the initial infection of rice sheath by *Pellicularia sasakii* and *Rhizoctonia oryzae*. Res. Bull. Fac. Agr. Gifu Univ. 31:99－111

10. 秦藤樹（2000）．微生物学辞典．p.1405、日本微生物学協会、技法堂

11. 平山成一・木村和夫・東海林久雄・田中孝・竹田富一（1982）．イネ褐色菌核病・赤色菌核病の発生生態及び防除に関する研究．山形県農試研報 16:137－167

12. 平山成一・東海林久雄・田中孝・木村和夫（1980 a）．イネ褐色・赤色菌核病の発病様相について．北日本病虫研報 31:40－41

13. 堀眞雄・安楽又純・松本邦彦（1981）．日本産イネ紋枯病菌菌株の病原力並びに 2, 3 の形態的, 生理的特性．近畿中国農研 62:10－14

14. 稲垣公治（1980）．稲菌核病菌の発病と各種作物の初期生育．今月の農薬 24（5）: 84－87

15. 稲垣公治（1983）．*Rhizoctonia oryzae* および *Sclerotium* 属 3 菌によるイネ菌核病のイネ株内での発生．日植病報 49:736－738

16. 稲垣公治（1993）．イネ各種菌核病の水田における年次別発生推移．関西病虫研報 35:13－18

17. 稲垣公治・藤田栄一・日下宏道・安達卓夫（1991）．イネ株内における紋枯病および各種核病の併発の実態．関西病虫研報 33:9－13

18. 稲垣公治・伊藤勝広（1985）．*Rhizoctonia* および *Sclerotium* 属菌によるイネ菌核病類の水田における発生の特徴．関西病虫研報 27:15－19

19. 稲垣公治・仲本光則（1982）．イネ赤色菌核病および *Sclerotium* 属 3 種菌核病の本州西南地域と南西諸島における発生様相の比較．名城大農学報 18:20－24

20. 稲垣公治・椎名康浩・高田唯志（1981）．イネの生育期と *Rhizoctonia* および *Sclerotium* 属イネ諸菌核病菌の病原性との関係．名城大農学報 17:45－49

21. 門脇義行・磯田淳（1992 a）．島根県下の水田から採取したイネ紋枯病様病斑から検出される菌核病菌．島根病虫研報 17:47－51

22. 門脇義行・磯田淳（1992 b）．島根県におけるイネ疑似紋枯病の発生実態．（第 1 報）島根県下の水田から検出されるイネ菌核病菌とその分布．近畿中国農研 84:9－12

23. 門脇義行・磯田淳・塚本俊秀（1995）．イネ各種菌核病の発生生態学的研究．第 3 報 イネ各種菌核病菌のイネ体上における分布．日植病報 61:63－68

24. 久能均・高橋壮・露無慎二・眞山滋志（1999）．新編植物病理学概論．p.335、養賢堂

25. 高坂卓爾・孫久弥寿雄・柚木利文（1957）．稲紋枯病に関する研究．第 2 報 初発生に関する実験的考察．中国農試報 3:407－421

26. Marshall, D.S., and Rush, M. C.（1980）. Relation between infection by *Rhizoctonia solani* and *R. oryzae* and disease severity in rice. Phytopathology 70:941－946

27. 松井秀樹・相良由紀子・郭慶元・荒川正夫・稲垣公治（2014）．各種微量要素及び Si のイネ 4 種 *Rhizoctonia* 属菌の生育，菌核発芽及び紋枯病発病に及ぼす影響．日植病報 80:152‒161

28. 三浦正勝・本蔵良三・三浦喜夫・長田幸浩（1988）．宮城県内における紋枯病様病斑から分離される菌核病菌とその分布．北日本病虫研報 39:84‒87

29. 宮坂篤・園田亮一・岩野正敏（2001）．イネ紋枯病菌子実層形成環境と担子胞子による病斑形成．日植病報 67:195（講要）

30. Naito, S. (1996). Basidiospore dispersal and survival. *In*：*Rhizoctonia* species：Taxonomy, molecular biology, ecology, pathology and disease control, 197‒206. Kluwer Acad. Publ. Netherland.

31. 中田覚五郎・河村栄吉（1939）．稲の菌核病に関する研究（第 1 報）．稲に発生する菌核病の種類及び病菌の性質．農水省農事改良資料 p.139

32. 野中福次・田中欽二・坂田晃（1979）．全国のイネ紋枯病様病斑から分離される各種菌核病菌について．九州病虫研報 25:3‒5

33. 野中福次・吉田政博・游俊明・田中欽二（1982 a）．各種菌核病菌のイネに対する病原性．九州病害虫研報 28:15‒18

34. 鬼木正臣（1979）．リゾクトニア菌によるイネの病害．植物防疫 33:373‒379

35. 作井英人・梅原吉広（1983）．富山県内におけるイネ紋枯病様病斑から分離される菌核病菌とその分布．北陸病虫研報 31:13‒15

36. Vidhyasekaran, P., Ruby Ponmalar, T., Samiyappan, R., Velazhahan, R., Vimala, R., Ramanathan, A., Paranidharan, V., and Muthukrishnan, S. (1997). Host-specific toxin production by *Rhizoctonia solani,* the rice sheath blight pathogen. Phytopathology 87:1258‒1263

37. 山崎耕宇・久保祐雄・西尾敏彦・石原邦（2004）．新編農学大事典．p.1786、養賢堂

付図 3　イネ黄熟期の水田風景（宮城県仙台市郊外：9 月）

第IV章

菌核病菌の個体群構造に基づく
菌核病の発生解析

　水田においてイネに病気が発生するということは、その水田に病原菌が存在することを意味している。菌核病の発生実態を把握するためには菌核病菌について詳細な情報を得る必要があるが、この菌核病と菌核病菌との相互関係を理解するために、近年、病原菌すなわち菌核病菌の種レベルより下位の分類単位、菌糸和合性群（mcg、または体細胞和合性群：vcg）の概念を利用することが有効であることがわかってきた。一方、水田においては灌漑水の流れ、土壌や被害残渣の流出・流入などによって、隣接水田との間で絶えず菌の移動が起こっていることが十分考えられる。本章では、菌核病菌の水田内での分布状況を確認し、隣接あるいは近隣水田間における菌移動の実態（10）を菌糸和合性群の追跡調査によって把握する。

第 1 節　菌糸和合性群（mycelial compatibility group：mcg）

　水田における菌核病の発生様相を理解するのに、1 つの方法として病原菌の越冬・越年器官で、伝染器官でもある菌核の数を把握することがなされている。その調査によると、紋枯病発生が多発する水田では紋枯病菌核数は 17 〜 20 万個、少発水田では 2 〜 3 万個、また別の調査ではイネ 1 株あたりの菌核形成数：30 〜 50 個からの試算で多発水田（病茎率 50 %）：30 〜 50 万個、少発田：6 〜 15 万個とされている（15）。しかし、赤色菌核病や褐色菌核病などのように、その病原菌菌核がイネ体の表面ではなくて葉鞘間や組織内などに形成される場合には、水田中における菌核数の調査は困難である。近年、このような水田での菌核病の発生と病原菌との相互関係を理解する方法として、水田における病原菌の個体群構造（population structure）を把握する手法が、多くの重要な情報を得るのに有効であることがわかってきた。一般に、個体群は菌糸和合性群（mcg）、体細胞和合性群（vcg）、クローン（clone：(11)）、インタラクショングループ（interaction group：(12)）などで示されているが、この菌糸和合性群（以後、これを使用）は同一の菌糸融合群（AG）内、または同一菌種内においてさらに高い遺伝的類縁関係を有する菌株群である。菌核病菌の菌糸和合性群の調査、すなわち水田における菌核病菌の個体群構造の調査によって、同一菌種内での菌核病菌の水田における多様性、菌核病菌の水田内・水田間での移動、さらに菌核病菌の消長などの情報を得ることが可能である。

　菌糸和合性群の調査には麦芽エキス寒天培地（malt extract agar：MEA）や馬鈴薯煎汁寒天培地 の使用が有効（図 4 - 1 - 1）で、これらの培地上で同一菌種に属する 5 〜 6 菌株を 7 〜 14 日間対峙培養し、各菌株間の菌叢接触部における菌叢融合状況を観察する。この結果、菌叢融合が確認される 2 菌株は同一の mcg に所属し、菌叢融合が認められなくてバーレジゾーン（barrage zone、図 4 - 1 - 1 内に矢印で示す）と呼ばれる分離帯［または、デマケーションライン（demarcation line）：(12)の形成が確認される場合は 2 菌株を別個の mcg に所属するものとする（4）。なお、菌叢融合を示す 2 菌株間の菌糸接触部には菌糸融合のうち完全融合が確認され、他方、菌叢融合を示さない場合のバーレジゾーンには不完全融合が確認される。したがって、菌糸和合性群は分類的には菌糸融合群より下位（第Ⅱ章第 2 節 1. 参照）の分類単位であって、このように、対峙培養においてバー

紋枯病菌　　　　　　　　　赤色菌核病菌

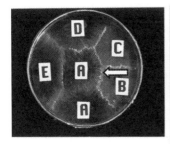
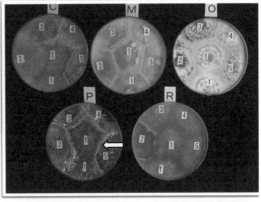

図 4-1-1　紋枯病菌（菌株：A-E）および赤色菌核病菌（菌株：1-5）の　　　　各種培地上での mcg 判定

紋枯病菌：麦芽エキス寒天培地。 赤色菌核病菌：馬鈴薯寒天培地（P）、リチャード培地（R）、ツアペック培地（C）、麦芽エキス寒天培地（M）、オートミール培地（O）。⟸：バーレジゾーン。
（紋枯病菌：Inagaki, 1996、赤色菌核病菌：稲垣原図）

レジゾーンの有無を観察することによって、より高度な遺伝的類縁性をもつ菌株の調査が可能となる（1、13、14）。

第 2 節　水田内における mcg 数

1. イネ 1 株内の mcg 数

　郭ら（2）は、イネの登熟期に愛知県 2 市内（春日井市、日進市）の 3 水田、岐阜市内の 1 水田から、紋枯病発生イネ株 17 株を採集し、各イネ株の最上位の病斑と株元の病斑を各 10 ～ 15 個ずつについて紋枯病菌を分離した。そして、分離菌株すべてについての mcg 判定をして、イネ 1 株内での mcg 数は 1 ～ 6 種類で、mcg 1 種類のみのイネ株が調査 17 株中 6 株、2 種類が 4 株、平均 2.5 種類であることを認めた（表 4 - 2 - 1）。また、各イネ株内で最も多く確認される mcg - 1、次に多く確認される mcg - 2……、最も少ない mcg - 6 で、これら 6 種類のうち mcg - 1 が株内で占める割合（占有率）は平均 77 %、〔mcg - 1 ＋ mcg - 2〕の 2 種類の占有率は 92 % であった。また、灰色菌核病菌と褐色菌核病菌の調査では、

同一イネ株から分離される菌核病菌の菌株の大半が PSA 培地上での菌叢形態が
酷似し、これらの菌株が 1 種類の mcg（p‐group：完全融合群と同義語）に属す
ことが判明し、このような菌叢形態調査から両菌核病菌も紋枯病菌と同様に 1 種
類の mcg の占有率は 86 ～ 97 ％と高率であることが判明している（9）。赤色菌核
病菌についても、イネ 1 株内より分離される菌株群の類縁調査が調査されていて
［表 4‐2‐1：(6)］、このようなイネ 1 株由来の菌株群のほぼすべてが同一菌そう
を示すことから、同一 mcg であることが判明している。これらの調査結果は、イ
ネ株というきわめて狭い限られた場においては、何種類もの mcg が共存するので
はなく、1 種類の mcg が優占して各種の菌核病を引き起こしていることを示唆し
ている。北海道内での水田における調査（11）によっても、同一イネ茎内の病斑
からは同じクローンがみられ、近隣のイネ株からの場合にはほとんどが異なるク
ローンであることが確認されている。

表 4-2-1　紋枯病菌および赤色菌核病菌 mcg のイネ 1 株内における占有率 (%)

紋枯病菌						赤色菌核病菌				
採集地（イネ品種）	イネ株 No.	mcg 数	イネ株内占有率			採集地：愛知県内	イネ株 No.	分離菌株数 (A)	同一菌叢菌株数 (B)	菌叢類似率（% : B/A）
			mcg 1*	mcg 2	mcg 3-6					
岐阜市（不明）	1	1	100.0	0.0	0.0	安城市（AN）	1	14	14	100**
	2	2	88.9	11.1	0.0		2	4	4	100
	3	2	76.9	23.1	0.0	安城市（ANA）	1	23	23	100
愛知県春日井市（コシヒカリ）	1	1	100.0	0.0	0.0		2	16	16	100
	2	1	100.0	0.0	0.0		3	24	24	100
	3	6	58.3	8.5	33.2	東加茂郡	1	20	20	100
	4	3	60.0	33.3	6.7	日清市（NE）	1	2	2	100
	5	4	42.9	28.5	28.6		2	16	16	100
愛知県日進市（愛知の香）	1	1	100.0	0.0	0.0	額田郡（NU）	1	10	10	100
	2	2	80.0	20.0	0.0		2	16	16	100
	1	1	100.0	0.0	0.0	額田郡（NUA）	1	22	20	91
	2	2	90.9	9.1	0.0		2	8	8	100
	3	3	53.8	38.5	7.7	愛知郡（TOA）	1	6	6	100
	4	3	46.7	46.6	6.7		2	24	24	100
	5	1	100.0	0.0	0.0	愛知郡（TO）	1	38	38	100
	6	6	54.5	9.4	36.1		2	9	9	100
	7	3	60.0	20.0	20.0		3	4	4	100
平均	—	2.5	77.2	14.6	8.2	計	17	256	254	平均：99.5

＊イネ株内に存在する mcg のうち分離割合（%）が高い順に mcg 1、mcg 2、mcg 3、……、mcg 6 と記す。
＊＊イネ 1 株から 14 菌株が分離され、14 菌株すべてが同一菌叢であることから、イネ 1 株内の mcg 数
　が 1 種類であることを示す。　（郭ら、2004；稲垣、1990）

　イネ1株内で1種類のmcgが優占する要因を知るために、イネの生育期間中で紋枯病菌の2種類mcgがイネに到着する時期と菌量（接種源量）を変えた場合、各mcgが紋枯病発生にどのように関係するのかが調べられている（2）。すなわち、2種類の菌株（異なるmcgを使用）のうち、一方の菌株の接種時期（1回目接種）を2〜3週間隔で3回に分け、他方の菌株をさらに遅い出穂期のみに接種（2回目接種）して、形成病斑からの菌分離調査が行われた。その結果、1回目の接種時期や2回目接種の実施とは関係なく、形成病斑からは1回目接種菌株が高率に分離された（表4-2-2）。さらに、1回目接種菌株の菌量を2g、5gと変えた場合でも、菌量および2回目接種とは無関係に形成病斑からの分離菌株は1回目接種菌株がほとんどであった。水田においては、菌核病菌の移動・拡散は主として菌核が水面上を浮上しイネ株に到着してから発病への過程が始まるが、この場合に最初にイネ株に到達した菌核由来のmcgがその株内での紋枯病発生に大きく関与して、以後に到達する菌核による発病はほとんど起こらないことが明らかとなった。

表4-2-2　紋枯病菌2菌株（IWK, MAT）をイネの異なる生育時期に接種した場合の，形成病斑からの菌株別分離率（％）と病斑高率（％）

| 接種区 | 菌株接種順序 | | | | 病斑からの菌株分離率（％） | | 病斑高率（％）** |
| | 1回目 | | | 2回目* | | | |
	6月24日	7月10日	8月1日	8月20日	IWK	MAT	
C-1	IWK	−	−	MAT	100.0	0.0	31.8 b
C-2	−	IWK	−	MAT	100.0	0.0	33.6 b
C-3	−	−	IWK	MAT	100.0	0.0	37.0 a
C-4	−	−	−	MAT	—	100.0	33.1 b
C-5	MAT	−	−	IWK	29.7	70.3	30.6 a
C-6	−	MAT	−	IWK	0.0	100.0	32.7 a
C-7	−	−	MAT	IWK	0.0	100.0	34.0 a
C-8	−	−	−	IWK	100.0	—	33.7 a
C-9	IWK	−	−	−	—	—	30.8 b
C-10	−	IWK	−	−	—	—	33.4 b
C-11	−	−	IWK	−	100.0	—	35.7 a
C-12	MAT	−	−	−	—	—	30.1 a
C-13	−	MAT	−	−	—	—	32.9 a
C-14	−	−	MAT	−	—	100.0	32.9 a

*出穂期。**（C1−C4）、（C5−C8）、（C9−C11）、（C12−C14）の各セット内で同一記号（aまたはb）間には有意差なし（p = 0.05）。　（郭ら、2004）

2. 1 水田内の mcg 数と分布様相

(1) mcg 数

イネが黄熟期にあたる 9 月下旬から 10 月上中旬に、水田内を約 5 m 間隔で 30 〜 50 地点（1 地点：イネ株 10 〜 20 株の小範囲）を設け、各地点において各種菌核病の病斑を採集し病原菌を分離して mcg 判定を行い、それにより得られた多くの mcg の水田内での分布様相が調査されている。水田は名古屋市近郊の 3 市（長久手、日進、東海）、1 郡（愛知）における 10 水田で、面積は 5 〜 10 a である。これらの調査によると、1 水田内における mcg（p - グループは mcg と同義語）数は 灰色菌核病菌 では 22 〜 34 種類、褐色菌核病菌では 9 〜 24 種類（9）、紋枯病菌では 14 〜 30 種類または 15 〜 27 種類（3、5）、赤色菌核病菌では 1 〜 6 種類（6）、褐色紋枯病菌では 5 〜 12 種類（7）と、菌種間で異なる（表 4 - 2 - 3）。このように mcg 数は、菌核病の水田における発生割合によっても異なり、概して灰色菌核病菌、褐色菌核病菌、紋枯病菌のように発病地点が多いと、

表 4-2-3 水田内における各種菌核病菌の mcg 数と 1 地点当たりの mcg 数

菌核病菌	水田（面積：a）	調査地点数	発病地点数（A）	発病地点率（%）	分離菌株数	mcg 数（p - グループ数）：B	1 地点当り mcg 数（B/A）
紋枯病菌	TW-1991（8）	40	32	80.0	82	30	0.9
	TW-1992（8）	40	30	75.0	85	28	0.9
	TM（8）	40	31	77.5	99	14	0.5
	計	120	93	77.5	266	72	0.8*
赤色菌核病菌	TO-1983（6）	35	2	5.7	6	2	1.0
	TO-1984（6）	35	4	11.4	21	6	1.5
	NE-1983（10）	36	10	27.8	23	6	0.6
	NE-1984（10）	45	19	42.8	35	1	0.1
	計	151	35	23.2	85	15	0.4*
灰色菌核病菌	KS（5-6）	35	22	62.9	47	27	1.2
	TK（5-6）	35	18	51.4	36	22	1.2
	TO（6）	35	22	62.9	70	34	1.5
	計	105	62	59.0	153	83	1.3*
褐色菌核病菌	KS（5-6）	35	15	42.9	35	13	0.9
	GS（5-6）	30	22	73.3	71	24	1.1
	TO（6）	30	16	53.3	62	17	1.1
	NE（10）	30	10	33.3	22	9	0.9
	計	125	63	50.4	190	63	1.0*
褐色紋枯病菌	TA（7）	40	12	30.0	24	12	1.0
	TB（7）	40	5	12.5	20	5	1.0
	TC（2）	16	4	25.0	11	7	1.8
	計	96	21	21.9	55	24	1.1*

* 平均。　（Inagaki, 1998；稲垣、1990；稲垣ら、1994；稲垣・内記、1987）

mcg 数が多くなる傾向が認められる。これらのことから、水田における菌核病の発生は、それぞれ病原菌に属する多くの種内群：mcg によって引き起こされていること、これら mcg 数は菌核病の発生範囲が広いと多くなる傾向があることが明らかである。

（2）分布様相

水田内での灰色菌核病菌と褐色菌核病菌の mcg（1、2 桁の数字で表示）の分

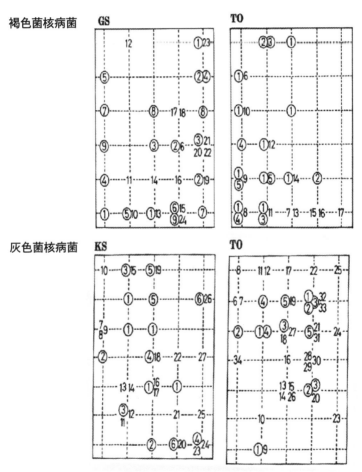

図4-2-1　4 水田における褐色菌核病菌および灰色菌核病菌 mcg（1 ～ 33）の分布様相
○で囲んだ mcg は水田内で 2 地点以上に分布していることを示す。地点間の距離：5m。　（稲垣・内記、1987）

布状況が調査されている［図4-2-1：(9)］。図から明らかなように、水田内での mcg の分布は1地点に1種類のみの場合と、2〜5種類と複数の場合があることがわかる。なお、複数地点に分布する mcg は○印がつけてある（たとえば③）。1地点における mcg 数は、各菌核病の発生がみられた62〜63地点中、56〜57％の地点（35地点）が1種類であり、27〜37％の地点（17〜23地点）が2種類で、mcg 数が2種類以内の場合は全体の80〜90％を占めている（表4-2-4）。紋枯病菌 mcg の場合には、紋枯病発生がみられた全170地点中（6年間の調査）、約43％の73地点が1種類で、この値は灰色菌核病や褐色紋枯病の場合と比べ少し低いが、紋枯病の全発生地点中の82％の地点で mcg は2種類以内であり（3）、灰色菌核病菌や褐色菌核病菌の場合とほぼ同じ傾向を示した。これらのことから、水田内の1地点には基本的に1種類、多くとも2種類の mcg がそれぞれの菌核病発生に関与していることがわかる。赤色菌核病菌については、表4-2-3に記されているように、他の菌核病菌が1地点あたり：平均0.8〜1.3種類であるものの、平均0.4種類（0.1種類の水田もあり）であり、他菌核病菌と大きく異なっている。このことから。赤色菌核病菌の mcg には水田内分布範囲（図4-2-2）が著しく広い mcg（83-1）が存在していて、赤色菌核病菌の菌種内変異を考えるうえで大変興味深い。

表 4-2-4　3種菌核病菌の水田内1地点における mcg 数

菌核病菌	水田 *（調査地点数）	地点数					
		1地点あたりの mcg 数					
		1	2	3	4	5	計
灰色菌核病菌	KS（35）	12	6	4	0	0	22
	TK（35）	12	6	0	0	0	18
	TO（35）	11	5	4	1	1	22
	計（%）	35（56.5）	17（27.4）	8（12.9）	1（1.6）	1（1.6）	62（100.0）
褐色菌核病菌	KS（35）	9	6	0	0	0	15
	GS（30）	13	7	0	2	0	22
	TO（30）	5	8	3	0	0	16
	NE（30）	8	2	0	0	0	10
	計（%）	35（55.5）	23（36.5）	3（4.8）	2（3.2）	0（0.0）	63（100.0）
紋枯病菌	TW（40）	14	10	4.5	0.5	1.5	30.5
	TM（40）	12	14	5	0	0	31
	計（%）	26（42.3）	24（39.0）	9.5（15.4）	0.5（0.9）	1.5（2.4）	61.5（100.0）

* 水田面積は NE：10a、TW・TM：8a、他水田：5〜6a。　（稲垣・内記、1987；Inagaki, 1998）

　mcg の水田内における分布範囲については、紋枯病菌の調査結果を表4－2－
5に示した。6年間で確認された131種類の mcg は最大で水田内の1／2以上に
及ぶ22地点まで分布しているのが確認されたが、全 mcg のうち63％が1地点
であり、15％が2地点、3地点以上分布しているのは20％であった。この紋枯
病菌 mcg の水田内分布状況については、mcg を3桁の数字（001、018など）で
表して図4－2－3に示したが、2地点以上の複数地点に分布している mcg（007、
021、004など）は、多くの場合、隣接あるいは1、2地点離れた比較的近隣の地

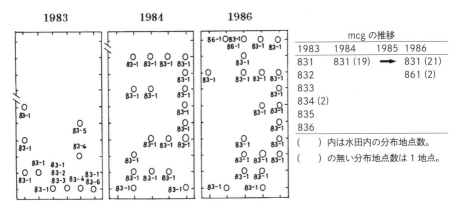

図 4-2-2　水田における赤色菌核病菌 mcg の分布様相

mcg は［調査年- No.］として表す。　　（稲垣、1990）

表 4-2-5　水田内における紋枯病菌 mcg の分布範囲

年	発病地点数	分離菌株数	mcg 数	mcg 数 分布地点数									
	（発病地点率%）			1	2	3	4	5	6	7〜10	11	12	22
1990	27（67.5）	74	21	11	6	1	2	0	1	0	0	0	0
1991	31（77.5）	82	27	19	4	2	0	0	0	1	1	0	0
1992	30（75.0）	85	27	22	1	1	0	1	0	0	1	1	0
1993	22（55.0）	108	15	11	2	1	0	0	0	0	0	0	1
1994	25（62.5）	103	18	12	1	2	0	0	0	2	1	0	0
2000	35（87.5）	153	23	8	6	0	2	4	1	1	1	0	0
計	40（100.0）	605	131	83	20	7	4	5	2	4	4	1	1
（%）	—	—	100.0	63.4	15.3	5.3	3.1	3.8	1.5	3.1	3.1	0.7	0.7

（郭ら、2003）

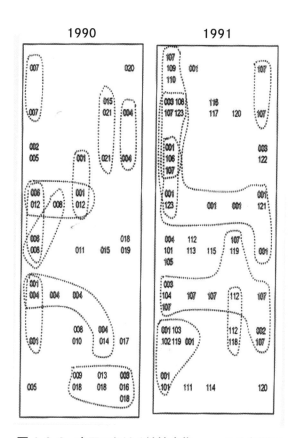

図 4-2-3 水田における紋枯病菌 mcg の分布様相

mcg は［調査年- No.］として示す。101 は 1991
年に確認された No.1 であることを表す。近隣地
点間での同一 mcg は破線で囲む。
（郭ら、2003）

点（破線で囲まれた場所）に存在していた 。また、灰色菌核病菌と褐色菌核病菌
mcg についても、図 4 - 2 - 1 における灰色菌核病菌 mcg ② のように、離れた地
点で確認される場合もあったが、mcg ①、③、④、⑤ 等のように互いに近隣地
点で確認される場合が多かった。水田内の 2 地点間の距離は約 5 m であること
から、mcg の多くが 1 地点に多く確認されたことは、mcg の分布範囲は 5 × 5 m
の 25 m^2 が主であり、多くとも 50 m^2 以内が大半であることが明らかである。

第3節　菌核病菌の水田間における移動

1. 直近の2水田間での菌移動

　一般に、隣接する水田は互いに多少なりとも高低差がみられることが多く、いずれの水田でも田植え後の時期からかなり長期間にわたり水が満たされているため、常時、高い水田から低い水田へ水の移動が起きている。この水に混じってイネの被害残渣や、菌核病菌の場合には病原菌そのものである菌核が水田間で移動することが考えられる。そのため、愛知県東郷町内にある2水田において、このような病原菌の移動が実際に起きているかどうかが調査されている。これら2水田（TO水田：品種は黄金晴、TK水田：日本晴、面積：2水田とも5〜6 a）の間には別の1水田がありTO水田が約1 m高くて、調査2水田間の距離は約20 mである。イネが黄熟期である9月下旬〜10月上旬に、各水田とも5 m間隔で褐色菌核病の病斑を採集し、これら病斑からのmcg調査がなされた（8）。図4-3-1に示したように、1986年には2水田間で5種類のmcg、また1987年には3種類のmcgが共通していることが確認され、近隣の2水田間では病原菌の移動があったこと、これら2水田の場合にはTO水田が位置的に高いことからTO→TK水田への菌移動が起きていることが明らかとなった。また、褐色紋枯病菌mcgについても隣接する2水田間での調査において、約1 m高い水田での12種類mcgのうちの1種類が下の水田での5種類のうちの1種類と同一であることが確認され、褐色紋枯病菌の水田間移動が実証されている（7）。

2. 近隣の多水田間での菌移動

　水田地帯には、通常、20〜30筆あるいはそれ以上の水田が互いに隣接しあって存在している、隣接する水田や近隣の水田間では、前述のように主として水によると思われる病原菌の移動が確認されているが、さらに広範囲な水田群での病原菌の移動の実態はこれまでほとんど明らかでない。そこで、1981年から1990年の10年間にわたり、愛知県東郷町内で南北：約250 m、東西：150 mほどの範囲内にある19水田において赤色菌核病菌mcgの分布調査が行われている（4）。調査にあたっては、まず赤色菌核病の病斑を、TO水田においては5 m間隔で計35地点から、他の18水田においては畦畔のみの5 m間隔で5〜10地点から、それぞれ採集して赤色菌核病菌のmcg調査を水田ごとに行った。mcgの表示は、

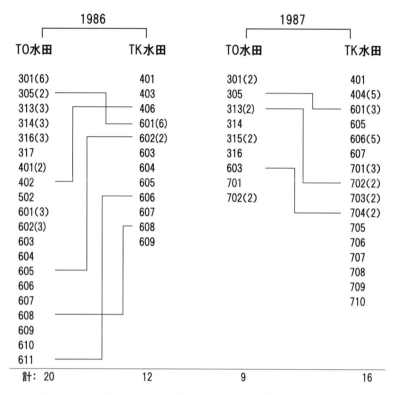

図4-3-1　近隣の2水田間における褐色菌核病菌 mcg の移動

実線で繋いだ2種類の mcg は同一の mcg であることを示す。(　　)内の数字は水田内での確認地点数。(　　)の無い mcg はすべて1地点である。TO－TK 水田間の距離は約20m である。　　（稲垣・磯村、1992）

〔TO84－5〕のように〔水田名（TA）－調査年（1984 年）－ mcg 番号（5）〕である。この地域での 19 水田の配置は図 4－3－2 に示したが、図内の下側（南）が高くなっていて空白地は休耕田である。その結果、この地域では 10 年間に 23 種類の mcg が確認され、そのうち 20 種類は 1 水田内しか確認できなかったが、No.2、5、15 の 3 種類の mcg、特に No.5 と No.15 の 2 種類 mcg はそれぞれ 5、7 水田と全調査水田の 1／4 ～ 1／3 と、広い範囲で確認された（図 4－3－3）。mcg の確認年が異なる場合もあるが、No.5 に関しては TB－TN 水田間、また No.15 に関しては TB－TQ 水田間（1989 年）で約 130 ～ 150 ｍと、いずれも遠く離れ

た2水田において確認された。さらに、愛知県内の別の地域（日進市）の9水田においても同様の調査が6年にわたり行われていて、この地域では14種類の赤色菌核病菌mcgが確認され、そのうちの1種類のみが約120m離れた2水田において1987年と1990年の両年に確認されている。

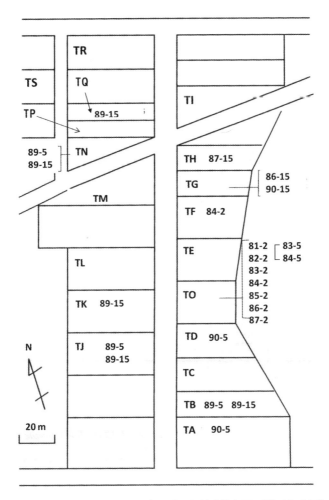

図4-3-2　1981〜1990年における近隣水田（計19水田）間での 赤色菌核病菌 mcg(No. 2，5, 15の3種類)の移動状況

mcg は［確認年（下2桁 − No.］で表す。　（Inagaki, 1996)

90

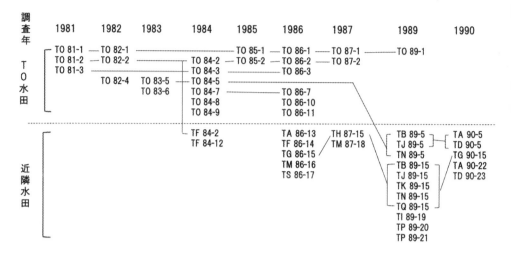

図4-3-3　TO水田を取り巻く近隣水田（19水田）間における赤色菌核病菌 mcg の移動状況

年次間または水田間で同一の mcg は実線でつなぐ。図 4-3-2 参照。　（Inagaki, 1996）

3. 水田における菌（mcg）の出入り数

　前述のように、水田にあっては赤色菌核病菌などの病原菌がすぐ隣の位置的に高い水田から流入して、さらに低い隣の水田に流出していく。このように1水田における近隣水田からの病原菌の出入りの状況に関して、紋枯病菌 mcg 数の変動をみることによって4年間の調査がなされている（3）。この調査水田での紋枯病の年毎の発生地点は全調査地点40地点中22～31地点、平均27地点（68％）と多く、mcg 数は15～27種類で計87種類が確認された。この87種類（100％）について、調査水田に前年以前に確認済みの既存 mcg と、その年に初めて確認される新規 mcg とに分けたところ、既存 mcg 数は4～6種類で計18種類（21％）、一方、新規 mcg は11～23種類で計69種類（79％）であった（表4-3-1）。

　また、これら mcg の水田内分布地点率（％）をみてみると、既存 mcg と新規 mcg は、それぞれ平均48、43％と大きな変動がみられない。これらのことは、水田における紋枯病の発生は、mcg 数からみた場合、その水田に存在している紋枯病菌よりは、新たに近隣水田から流入してくる紋枯病菌によって発病する場合

表 4-3-1　水田における紋枯病菌 mcg の近隣水田からの出入り：既存数と新規数の比較

調査年	発病地点数*	既存 mcg			新規 mcg			mcg
		数	分離地点数	分布地点数	数	分離地点数	分布地点率	
1991	31	4	15	37.5	23	26	65.0	27
1992	30	6	26	65.0	21	17	42.5	27
1993	22	4	21	52.5	11	8	20.0	15
1994	25	4	14	35.0	14	18	45.0	18
計	108	18	76	－	69	69	－	87
%	67.5	20.7	－	47.5	79.3	－	43.1	100

* 水田面積　7a。　（郭ら、2003）

が多いことが明らかとなり、さらに既に存在している mcg と流入してくる mcg との間で分布範囲が大きく異なることが示唆された。

引用文献

1. Adams, D. H., and Roth, L. F.（1967）. Demarcation lines in paired cultures *Fomes cajanderi* as a basis for detecting genetical distant mycelia. Can. J. Bot. 45:1582 – 1589

2. 郭慶元・中條淳・濱田奈穂・奥原利紀・荒川征夫・稲垣公治（2004）. イネ株内における紋枯病菌の個体群構造. 名城大農学報 40:53 – 60

3. 郭慶元・小笠原崇文・荒川征夫・稲垣公治（2003）. 水田におけるイネ紋枯病菌個体群構造の年次推移. 日植病報 69:212 – 219

4. Inagaki, K.（1996）. Distribution of strains of rice bordered sheath spot fungus, *Rhizoctonia oryzae,* in paddy fields and their pathogenicity to rice plants. Ann. Phytopathl. Soc. Jpn. 62：386 – 392.

5. Inagaki, K.（1998）. Dispersal of rice sheath blight fungus, *Rhizoctonia solani* AG-1(IA), and subsequent disease development in paddy fields, from survey of vegetative compatibility groups. Mycoscience 39:391 – 397

6. 稲垣公治（1990）. 水田から分離したイネ赤色菌核病菌菌株の類縁関係と水田における年次消長. 日植病報 56:443 – 448

7. 稲垣公治・久田純子・平田陽一（1994）. イネ褐色紋枯病菌系統の水田における分布. 名城大農学報 30:37 – 43

8. 稲垣公治・磯村嘉宏（1992）. イネ褐色菌核病菌系統の水田における残存期間と近隣水田での分布. 日植病報 58:340 – 346

9. 稲垣公治・内記隆（1987）. 水田から分離したイネの灰色菌核病菌と褐色菌核病菌菌株の類縁関係の調査. 日植病報 53:516 – 522

10. 稲垣公治・荒川征夫（2005）. 水田におけるイネ菌核病菌類の移動と年次推移. 植物防

疫 56:161 - 164

11. 生越明・宇井格生（1983）．一圃場に存在する *Rhizoctonia solani* Kuhn 菌糸融合群内クローンの多様性．日植病報 49:239 - 245

12. Punja, Z. K., and Grogan, R. C.（1983）．Hyphal interaction and antagonism among field isolates and single -basidiospore strains of *Athelia* (*Sclerotium*) *rolfsii.* Phytopathology 73:1379 - 1381

13. Sonoda, R. M., Ogawa, J. M., Essar, T. R., and Manji, B. T.（1982）．Mycelial interaction zones among single ascospore isolates of Momilinia fructicola. Mycologia 74:681 - 683

14. Worrall, J. J.（1997）．Somatic incompatibility in basidiomycetes. Mycologia 89:24 - 36

15. 山口富夫・岩田和夫・倉本孟（1971）．稲紋枯病の発生予察に関する研究．第 1 報　越冬菌核と発生との関係．北陸農試報 13:15 - 34

付図 4　イネの収穫時における刈り取りとはさ掛け（愛知県春日井市：10 月下旬）

第 V 章

水田における菌核病菌の
越冬・生存とその後の発病

　前章までにおいて、種々の菌核病は病徴が一見よく似ているものの、病斑の形や色など異なる点も多くあり、罹病個体の表面上に形成される菌核や菌叢などの標徴（sign）も踏まえて、病斑などの特徴が菌核病の診断に有効であることがわかった。菌核病の病原菌によるイネにおける発病は、水田内で既に残存している菌と近隣水田から入ってくる菌との両者に由来することも明らかになった。このように、水田における菌核病の発生には菌核病菌の水田間の出入りが重要であるが、本章ではこの菌核病菌について mcg レベルで調査して病原菌の年次消長を理解する。また、水田内における被害残渣や雑草上での菌核病菌越冬・生存の実態についても触れ、雑草が水田での菌核病発生に貢献している点について実証する。さらに、土壌伝染性病原菌（soil born disease fungi）である菌核病菌の生存に影響する要因の１つとして、CO_2 および O_2 と菌生育等との関係をみる。

第1節　水田における菌核病菌の年次消長と生存

1. 菌核病菌（mcg）の年次消長

　前述のように、水田内では赤色菌核病、灰色菌核病、褐色菌核病、紋枯病など
の菌核病が発生程度に増減はあるものの併発していて、これら個々の菌核病の水
田内における発生場所は、毎年、比較的近い場所に多いことも確認されている。
一方、いずれの菌核病の発生も、それぞれの病原菌に所属する遺伝的形質の異な
る多くの菌株群（mcg）によって引き起こされていることや、水田内に存在する
これら多くの mcg は隣接する水田から流入したり、また隣の水田へ流出したり
していることも実証された。菌核病が毎年発生する場合、その病原菌の多くの
mcg の消長はどのようになっているのか、この点の検討は病原菌の種内変異と発
病との関係を知るうえで重要な情報が得られると考えられる。そこで、水田内で
の mcg の年次推移と、それらの存在場所も踏まえて紹介する。

(1) 赤色菌核病菌

　第Ⅲ章の図3-3-2と図3-3-3に5種類の菌核病の、水田（TO）における
1981〜89年の発生様相を示したが、そのうち赤色菌核病は前述のように北側の
畦畔部（1A〜5A）に頻繁に発生しているのが確認されている。調査期間中に
は計11種類の mcg が確認され（図4-3-3：上部の TO 水田）、そのうち3種
類（81-1、81-2、81-3）は6〜7年間存在していることがわかる。このよう
に、水田内に存在する mcg には、長期間存在する mcg の他に比較的短期間の2
〜3年間確認される2種類（83-1、84-1）と、1年のみしか確認されない7種
類（82-1、83-2、84-2等）の3タイプが認められる。図5-1-1に各 mcg の
水田内における分布位置を示したが、長期間存在するタイプの3種類 mcg の水
田内での確認場所は、赤色菌核病発生が水田内で比較的限定されていたこともあ
るが、3種類 mcg いずれもほとんど毎年、同一場所で見られた（12）。この要因
の1つとして、赤色菌核病菌が多犯性（omnivorous fungi）であることから、畦
畔近くに繁茂する宿主範囲内の水田雑草上に赤色菌核病菌が発病していた可能性
が推察され、雑草上での病原菌生存とイネでの発病との密接な関係が示唆される。

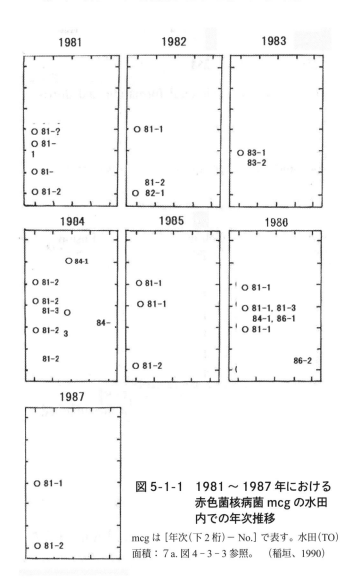

図 5-1-1　1981 ～ 1987 年における赤色菌核病菌 mcg の水田内での年次推移

mcg は［年次（下 2 桁）− No.］で表す。水田（TO）面積：7 a. 図 4 - 3 - 3 参照。　（稲垣、1990）

（2）紋枯病菌

　1990 ～ 94 年の 5 年と 2000 年の 11 年間において計 6 回、紋枯病菌の水田（7 a）での mcg の消長が調査されている（4）。毎年 15 ～ 27 種類、6 回の調査で計 108 種類の mcg が確認された（図 5 - 1 - 2）。これら 15 ～ 27 種類の mcg のうち、

翌年まで残存している mcg は 4 〜 6 種類（15 〜 27 ％、平均 22 ％）で、他の 11
〜 23 種類（73 〜 85 ％、平均 78 ％）がこの水田にとって新しい mcg であること
がわかる。さらに、1990 年の 21 種類、1992 年の 23 種類 mcg のうち、それぞれ

1990	1991	1992	1993	1994	2000
9001 (4)	9001 (10)	9001 (11)	9004 (2)	9004 (8)	9001 (2)
9002	9002 (2)	9003 (3)	9107 (2)	9107 (9)	9008
9003	9003 (3)	9004 (12)	9201 (18)	9303	9015 (4)
9004 (6)	9004	9107 (5)	9216	9304	9105
9005	9101	9110	9301	9401 (3)	9116 (2)
9006 (2)	9102	9116	9302	9402 (11)	2-01 (11)
9007 (2)	9103	9201 (2)	9303	9403	2-02 (2)
9008 (3)	9104	9202	9304	9404 (2)	2-03 (5)
9009	9105	9203	9305	9405	2-04 (5)
9010	9106	9204	9306	9406	2-05 (2)
9011	9107 (11)	9205	9307 (2)	9407	2-06 (2)
9012 (2)	9108	9206	9308	9408	2-07 (5)
9013	9109	9207	9309	9409	2-08 (8)
9014	9110 (2)	9208	9310	9410 (3)	2-09 (6)
9015 (2)	9111	9209	9311	9411	2-10
9016	9112 (3)	9210		9412	2-11
9017	9113	9211		9413	2-12
9018 (4)	9114	9212		9414	2-13
9019	9115	9213			2-14
9020	9116	9214			2-15
9021 (2)	9117	9215			2-16 （5）
	9118	9216			2-17 （4）
	9119 (2)	9217			2-18 （2）
	9120 (2)	9218			
	9121	9219			
	9122	9220			
	9123 (2)	9221			
計： 21	27	27	15	18	23

**図 5-1-2　1990 〜 2000 年における紋枯病菌 mcg の水田（面積：7a）内
での消長**

mcg は 4 桁の数字［年度（下 2 桁）＋ No.］で表す。 1991 年以後において実線より上の
mcg は 前年に確認済みであることを示す。（ 　 ）内は確認地点数。（ 　 ）のない他のすべ
ての mcg は 1 地点。図 4-2-3 の 1990 年と 1991 年の mcg は本図の mcg と同一：例　007 ＝
9007。 （郭ら、2003）

3種類（14％）、2種類（9％）が9〜10年後にも水田内に残存していることが確認された。したがって、水田に存在しているmcgのほとんどが、1〜2年後には消失（死滅の可能性が大きい）してしまうことが考えられる。

　mcgの水田内における分布地点数に関して、mcg 9001、9004、9107のように水田内に長年にわたって残存しているmcgは、水田内で4〜12地点（地点数はmcgの後に表記）などと比較的多くの地点で確認される場合が多い。これら3種類mcgのそれぞれが確認される10〜12地点は調査水田の全地点：40地点中の1／4を占めており、mcgが水田内で広範囲の面積に分布しうることは、その水田内での長期生存にきわめて有利であると考えられる。また、連続した2年間で同一のmcgが確認される場合、概して水田内の比較的近隣の地点でみられる場合が多い傾向にあった。しかし、1990年と2000年との間、また1991年と2000年との間においては、それぞれ確認される同一mcgの確認地点は、近隣地点の場合やまったく異なる地点の場合もあった。

(3) 褐色菌核病菌

　褐色菌核病の発生は年によって変動がみられるが、1984〜89年の6年間で、4回にわたり本病の発生水田（面積：7a、品種：日本晴）においてmcgの年次消長が調査されている（15）。褐色菌核病の発生地点数は4〜24地点であったことから、確認されるmcg数も6〜33種類と年次間で大きく異なっていた（図5−1−3）。毎年、確認されるmcg数のうち、1〜2年後まで残存するmcgは1984→1986：3／6、1986→1987：6／16、1987→1989：8／33であり、その割合はそれぞれ50、38、24％であった。紋枯病菌の場合と同様に、1986〜89年の計4年間と長く確認されたmcg 601は3〜6地点と比較的広い範囲でみられたが、一方、401、403、406などのように1地点しか確認されないmcgも後年にみられる場合があった。また、2年以上確認されたmcgは401、404、601のように、1〜2地点は離れているものの、近隣の地点にみられた。

98

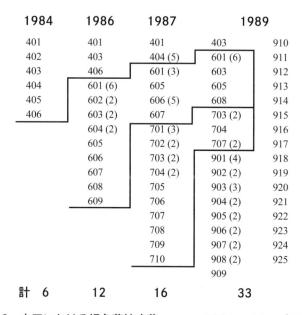

図 5-1-3　水田における褐色菌核病菌 mcg の 1984 ～ 1989 年での年次変動

実線より上の mcg　は前年以前に既に確認された mcg である。（　　）内は分布地点数、（　　）の無い mcg は 1 地点。　（稲垣・磯村、1992）

2. 田植え前水田における菌生存の実態

　一般に、植物が病気に罹るということは、その植物の生育環境に病因が既に存在している必要がある。イネの菌核病の場合には、水田にその病原糸状菌である菌核病菌、主として菌核がイネの生育前から、あるいは生育期間中に何らかの形で導入・存在していることになる。菌核病菌が水田内で存在する場として考えられるのは土壌表層上の被害残渣（以下、土壌残渣とする）、刈株、および 雑草の3つである。ここでは、これらのうち土壌残渣と刈株について検討を加え、雑草については後述する。

　調査方法としては、田植え前の 3 月上旬に愛知県内の 3 水田（TW、TM、TO：7 ～ 8 a）について約 5 m 間隔で 40 地点を設定し、それぞれの地点から（被害残渣を含む）土壌表層を約 20 × 20 cm 四方（400 cm^2）と刈株 2 個を採集する（13、14）。土壌残渣および刈株については、前述（第Ⅱ章第 1 節 2.）のように

流水や蒸留水で慎重に洗浄して小切片を作成し、これらの50〜100切片から菌分離が行われている。このようにして、3水田を2年続けて計6回、土壌残渣と刈株を採集して水田での菌核病菌の生存状況が調査されていて（図5-1-4：一部のみ記す）、その結果を分離菌株数と分離地点数に分け、さらにそれぞれを土壌残渣と刈株に分けて表5-1-1（13、14）にまとめて示した．分離菌株数と分離地点数ともに球状菌核病菌、灰色菌核病菌、および褐色菌核病菌の3菌種が多く、赤色菌核病菌と褐色紋枯病菌の2菌種は比較的少なかった。これら菌核病菌のうち、褐色菌核病菌と球状菌核病菌は分離菌株数と分離地点数の両方とも、土

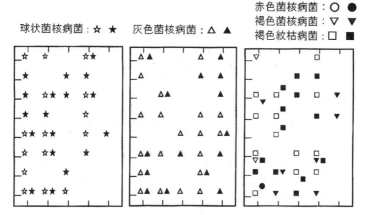

図 5-1-4　田植え前 水田における各種菌核病菌の土壌残渣（白表示：△等）および刈株（黒表示：▲等）での越冬・生存状況
（TW 水田：1992、稲垣ら、2009）

表 5-1-1　田植え前水田における土壌残渣と刈株上での各種菌核病菌の越冬・生存

菌核病菌	分離菌株数		分離地点数	
	土壌残渣（%）	刈株（%）	土壌残渣（%）	刈株（%）
赤色菌核病菌	15 (26.3) a*	42 (73.7) a	6 (30.0) a	14 (70.0) a
灰色菌核病菌	280 (47.0) a	316 (53.0) a	81 (50.9) a	78 (49.1) a
褐色菌核病菌	14 (7.1) b	184 (92.9) a	12 (30.0) b	28 (70.0) a
球状菌核病菌	192 (25.9) b	549 (74.1) a	71 (36.2) b	125 (63.8) a
褐色紋枯病菌	64 (68.8) a	29 (31.2) a	30 (66.7) a	15 (33.3) a
計	565 (33.5)	1120 (66.5)	227	227

* 同一菌核病菌において、異なる記号（a, b）の場合は土壌残渣と刈株間で有意差（p = 0.05）があることを示す。　（Inagaki ら、2004；稲垣ら、2009）

壌残渣と刈株との間で有意な差が確認でき、刈株において明らかに高率であった。一方、赤色菌核病菌、灰色菌核病菌、および褐色紋枯病菌の3菌種は両者間に差異が認められなかった。これらのことから、各種の菌核病菌は田植え前の水田において土壌残渣や刈株内で高頻度に生存していることが確認され、さらに褐色菌核病菌と球状菌核病菌の2菌種は刈株内でより高率に越冬・生存することが判明した。これら2種菌核病菌が刈株内で高率に越冬・生存する要因として、両菌核病の発生がイネ株の上位に比べ、株元近くで高率であることが考えられる。また、水田内の1地点では1種類の菌核病菌が検出される割合が最も高く63〜64％で、2種類が30〜31％、3〜4種類が0〜6％であり、特に1〜2種類の菌核病菌の合計検出割合にすると93〜95％となる。前述のように、水田内における1地点やイネ株のような一定範囲内では、菌核病菌数（表3-3-3）やmcg数（表4-2-4）は1種類が優占していて、2種類、3種類が混在していることは少ないということと一致する点が多い。

3. 田植え後水田における菌生存の実態

　水田における *Rhizoctonia* 属菌の動態調査をする際に、前述（第Ⅱ章第1節2.参照）のようにソバ茎、稲わら、ムギ稈（カン）を使用して病原菌を捕捉する手法が知られている（24）。このうちソバ茎を用いてイネ移植期 〜 収穫期の生育期間中における菌核病菌の生息状況が、イネの早期栽培、早植栽培、および普通期栽培の水田において調べられている（22）。この調査により、イネ移植直後の早い段階から褐色菌核病菌、灰色菌核病菌、球状菌核病菌、赤色菌核病菌、褐色紋枯病菌の各種菌核病菌がイネより分離され、これら菌核病菌のうち、灰色菌核病菌、球状菌核病菌および褐色菌核病菌は、発病がみられないイネの移植直後の水田から全生育期間中に確認されている。さらに、箱育苗中のイネ苗からは褐色菌核病菌、灰色菌核病菌と赤色菌核病菌が低頻度ではあるが分離されている。また、水田内の補植用苗からも赤色菌核病菌、褐色紋枯病菌、褐色菌核病菌、灰色菌核病菌、球状菌核病菌が分離され、これらのうち、球状菌核病菌が最も高率に、次いで褐色菌核病菌、灰色菌核病菌が多く分離されている（23）。このように、各種菌核病菌はイネの根部や株元において早い時期から存在していて、登熟期以降の上位葉鞘へ進展して病斑を形成することが明らかにされている（25）。

4.　菌糸・菌核の生存能力

(1)　土壌残渣内菌糸

　水田内における菌核病菌菌糸の越冬・生存状況を考える場合、土壌中あるいは土壌表層中における土壌残渣（または被害残渣）内菌糸について調査することが有効であると考えられる。そこで、各種菌核病菌を稲わら培養して得た培養稲わら片を殺菌および無殺菌土壌に埋没し、80 〜 240 日後に稲わら片表面上の菌核を取り除いて土壌残渣内菌糸として生存率が調べられている［図 5 − 1 − 5 :（16、17）］。その結果、灰色菌核病菌と赤色菌核病菌は両土壌内ともに 160 日後あるいは 240 日後でも高率に菌糸再生が確認されたことから、水田においては灰色菌核病および赤色菌核病の両菌核病は土壌残渣内の菌糸による第一次発病の可能性が十分に考えられる。培養菌そう片（培地の種類不明）を素焼き鉢内の殺菌土壌に入れ、落ち葉で覆い生存力調査を行った実験（2）からは、6 カ月後でも紋枯病菌と球状菌核病菌が 87 〜 97％、褐色菌核病菌が 27％生存することが確認されている。また、フィリピンにおける調査において代かき後の水田で採集した被害わらから紋枯病菌が分離されたことから、紋枯病菌が被害わら中で次のイネ栽培時期まで生存すること、さらにこの被害わらが紋枯病の感染源になりうることが指摘されている（27）。褐色菌核病菌についても、罹病稲わらを自然条件下

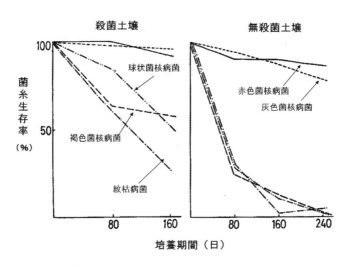

図 5-1-5　各種菌核病菌の稲わら内菌糸の土壌中における生存率の比較

(稲垣・牧野、1979)

に置いたままにしてから翌年の4〜5月に採取して、菌核を取り出した罹病葉鞘から本病原菌が検出されている（20）。

　このように、各種期核病菌の菌糸は、イネ体上で菌核病菌が発病する生育後期から越年して、翌年のイネの春〜夏頃の生育段階まで被害わらあるいは被残害渣内で生存可能で、イネに感染・発病を引き起こしうることが確かめられた。なお、このような菌核病菌の生存調査においては、菌核に対比する菌糸に関する使用語が研究者間で異なっていて、被害残渣、被害わら、罹病葉鞘といった語句が用いられている。これら被害残渣等は、いずれも土壌表層中で長期間自然条件下に晒されるものであり、ほとんど同義語と考えられるため、以後は土壌残渣と記述する。

(2) 菌核

　主にイネの生育後期にイネ体上に形成される菌核は被害残渣に混じったり、そのまま土壌表面近くに落下したりして翌春まで残存するが、多くの日本人研究者の調査によって、この残存菌核がかなり高率に菌糸再生をして生存していることが確認されている。しかし、菌核の生存能力についての調査にあたっては、菌核の採取法、調査対象とする菌核病菌の種類などが研究者によって大きく異なっている。他の菌核病菌の諸性質についての調査と同様に、一度に5〜6種類の菌核病菌を同一方法でまとめて調査・比較した報告はきわめて少ない。したがって、同じ菌核病菌に関するデータがいくつかある場合や、データの少ない菌核病菌もある。

　赤色菌核病菌、灰色菌核病菌、球状菌核病菌、褐色菌核病菌のそれぞれの稲わら培養片を無殺菌土壌中に90日間埋没後、菌核の生存率が調べられていて、生存率は低温年では低率であるものの、それ以外の年は25〜78％である（19）。また、紋枯病菌、球状菌核病菌および褐色菌核病菌の菌核は無殺菌土壌中（15〜30℃）で240日後でも77〜100％と高い生存率を示す（16）。素焼き鉢内の殺菌土壌に紋枯病菌、球状菌核病菌、褐色菌核病菌の菌核を6カ月間入れた調査においても、いずれの菌種の菌核生存率も90〜100％と高率である（2）。

　これら菌核病菌のうち紋枯病菌に関して、1年間の休耕田より採集した菌核の発芽率は60％以上、2年間休耕田よりの菌核は40％以下であり、休耕年の増加により菌核生存率が低下することが指摘されている（7）。さらに、紋枯病菌に

ついて、4月に水田内の刈株から採集した越冬菌核の発芽率は 60 ％前後であり、しかもこの発芽率は菌核の大きさと関係しないことが確認されている（43）。この調査とほぼ同じ方法で、山形県内の水田において褐色菌核病菌菌核の生存能力に関して調査がなされていて、3月に刈株および稲わらより採取した褐色菌核病菌の成熟菌核の生存は 62 ％と高率であるが、白色の未成熟菌核は 14 ％と低率であり伝染への関与は低いとされている（9）。

　コシヒカリおよび日本晴を栽培した一般圃場（島根県）から、イネの成熟期に紋枯病および灰色菌核病の発病茎を採取して、籾から紋枯病菌は 3 ～ 4 ％（検出圃場率）、灰色菌核病菌は 2 ～ 9％検出されて、灰色菌核病菌の籾保菌率は倒伏程度の高い圃場で高い（21）。これらのことから、籾内での菌核病菌の微小菌核が翌年まで種子内に残存する可能性も十分考えられる。

第2節　菌生存に関与する諸要因

1. 諸要因

　水田内や水田周辺での菌核の生存に関しては、様々な生態的要因の影響が考えられるが、そのうち土壌深度、湛水状況、稲わらによる被覆の3点についての調査がある。さらに、これら諸要因と関係して土壌による菌生育抑制状況と菌の抗生物質感受性についても紹介する。

(1) 土壌深度

　土壌深度と菌核生存との関係については、菌核（形成培地不明）を素焼鉢内の土壌に深さ 2 ～ 10 cm に埋没し生存状況をみた場合、紋枯病菌、球状菌核病菌および褐色菌核病菌の3菌種とも6カ月後の菌核生存率は 85 ～ 100 ％と高率で、土壌深度間における差異がほとんどみられない（2）。この調査においては菌糸の生存率についての結果も同様である。しかし、赤色菌核病菌と灰色菌核病菌の稲わら培養片を、さらに深い20 cm 区を設け2 ～ 20 cm の無殺菌土壌に埋め、40日後の生存率 を調べた実験では、2 cm：70 ～ 90 ％、20 cm：20 ～ 40 ％と深い場所で顕著な生存率低下が起こる（17）。また、台湾における13 カ所での調査によると、イネ収穫後水田の［50 × 50 × 20 cm］の範囲内の土壌中には紋枯病菌菌核が平均 157 個（13 ～ 561 個）検出され、乾燥土 1 kg につき表土（0 ～ 1 cm）

には菌核が 36 個、5 ～ 10 cm には 3.3 個、15 ～ 20 cm には 0.9 個と、深くなるにつれて菌核の検出数が少なくなっている（30）。菌核の生存能力と土壌深度との関係については、菌核の浮遊性（buoyancy）をも考慮して紋枯病菌で調査されている（29）。この調査では、土壌表層の 0.6 cm までの残渣試料（1 ℓ）には 136 ～ 562 個の浮遊性菌核と 68 ～ 334 個の非浮遊性菌核が含まれ、それぞれの生存率は 41 ～ 61 %、25 ～ 56 ％である。一方、土壌深度が 3.8 ～ 7.6 cm と深くなると、27 ～ 44 個の浮遊性菌核と 0 ～ 14 個の非浮遊性菌核に減少する。この調査では、紋枯病菌菌核は土壌表層に比べ深くなると菌核数が減少すること、土壌表層と深い土壌のいずれも浮遊性菌核が多いこと、さらに菌核生存率は浮遊性菌核で高いことが示されている。また、非浮遊性菌核は 48 時間の乾燥により浮遊性となる。

(2) 湛水状況

　湛水状況と菌核生存との関係については、別菌種ではあるが異なる 2 通りの結果が報告されている。すなわち、表 5 - 2 - 1 に示したように湛水状態にある湿田内の刈株から翌年 3 月中旬に採取した褐色菌核病菌菌核の生存率は 80 ～ 90 ％と高い（9）。また、野外に放置された罹病茎からの褐色菌核病菌の生存率は、菌核、罹病葉鞘ともに地表面（落水条件）や土壌中に置いた場合と比べ、湛水条件下に置いた場合に最も高い（20）。一方、紋枯病菌の菌核生存と水との関係については、稲わら培地上での形成菌核を用いても調べられ、菌核を浸水状態で保存する場合には、乾燥状態で保存する場合に比べて短期間に生活力が低下するとされている（36）。このように、褐色菌核病菌と紋枯病菌との間で湛水条件下での生存能力に差異が認められる。

表 5-2-1　刈株中の褐色菌核病菌菌核の越冬率（%）

採集地	採集月日	調査菌核数	生存菌核数	越冬率	備考
高畠町館林	3 月 16 日	46	39	84.8	湛水状態
南佐沢	〃	27	24	88.9	―
舟橋	〃	69	48	69.6	田面乾燥
米沢市下小菅	〃	46	11	23.9	わら焼き後
宮井	〃	49	16	32.7	田面乾燥
金山町山崎	3 月 30 日	18	18	100.0	田面乾燥
計	―	255	156	61.2	―

（平山ら、1980）

(3) 稲わらによる被覆

　褐色菌核病菌菌核を培養稲わら片内の菌核と稲わら表面に付着している菌核とに分けて 90 〜 180 日後の生存状況をみた場合、前者で生存率が高い (19)。また、土壌中での腐生的生存能力の強い灰色菌核病菌と赤色菌核病菌のうち赤色菌核病菌は稲わら残渣組織内で多くの微小な菌核形成が確認されており (17)、これらの結果は稲わらによる菌核保護作用が菌生存の 1 要因であることを示唆している。

(4) 抗生物質

　土壌中での腐生能力の強い 2 菌種のうち、灰色菌核病菌の生育については、土壌による影響（抑制率：27 %）が他の 4 種菌核病菌（38 〜 44 %）と比べ小さいことがわかっている。土壌中での植物病原糸状菌の腐生的生存能力の違いについては、菌の抗生物質感受性が関係することが、畑作物に寄生する *Curvularia* 属菌等で指摘されていることもあり (1)、イネ菌核病菌の抗生物質感受性に関してシクロヘキシミド、カスガマイシン、グリセオフルビン、クロラムフェニコール、ストレプトマイシンの 5 種類の抗生物質を用いて調査がされている。その結果によると、上述の灰色菌核病菌は赤色菌核病菌、紋枯病菌、球状菌核病菌、および褐色菌核病菌と比べ、これら抗生物質による生育抑制率が低い (17)。

(5) 温度・紫外線等

　菌核生存に関する他の要因として菌核形成過程における温度、紫外線、pH の耐性についても調べられている (34)。菌核の耐温度性は、菌糸 < 菌核原基 < 白色菌核 < 着色直後の未熟菌核 < 成熟菌核であり、紫外線耐性については菌糸は 15 〜 30 分照射で死滅するが、白色菌核以後の諸段階では 10 日間照射でもすべて生存する。成熟菌核の pH 耐性は pH 4 〜 5 の酸性域で低く、pH 6 以上の中性〜 アルカリ性域で高い。また、菌核（PSA 培養菌核）の（0 〜 - 5 ℃）〜（- 20 〜 - 25 ℃）における 270 日後の生存能力は、球状菌核病菌は 100 %、褐色菌核病菌は 17 〜 67 %、紋枯病菌は 1 〜 11 %の生存率であったが、赤色菌核病菌は菌糸、菌核いずれも 0 %、また灰色菌核病菌の菌糸も 0 %で（菌核は非調査）、著しく劣っていた (32)。

2. 菌生存と病原性・水田内分布との関係

　水田内に分布してイネに菌核病を引き起こしている多くの mcg は、その分布範囲が 1 地点のみのものや、6 ～ 7 地点と直線距離にして 30 m、また水田を越えて 150 ～ 200 m も離れた別の水田に同じ菌核病を引き起こしていることがわかった（表 4 - 2 - 5、図 4 - 3 - 2）。一方では、これらの mcg は水田内で 1 年しか残存しない場合と、5 ～ 6 年も残存するものもある。そこで、本項では、mcg の特徴としてその生存期間と、分布範囲や病原性との関連がどのようになっているのかについて検討する。愛知県内の 2 水田における褐色菌核病菌についての 5 ～ 6 年間の調査（15）では、生存期間が 2 年以内の mcg の分布地点数は 3 地点までであるが、3 年以上の mcg は 4 ～ 22 地点と広範囲にわたる傾向がある（表 5 - 2 - 2）。紋枯病菌についても褐色菌核病菌と同様な傾向が確認され（4）、生存期間が 1 年である mcg の水田内分布地点数は平均 1.3 地点であるものの、2 年以上である mcg は 4.0 地点と明らかに広い（表 5 - 2 - 3）。

　また、生存期間とイネに対する病原性に関しては赤色菌核病菌で調査がされており（11）、生存期間が 1 年の mcg は 2 年以上の mcg に比べ、発病率・発病茎率ともに低い（表 5 - 2 - 4）。このような結果から、水田内で長期生存するためには広範囲な分布能力とイネに対する強い病原力が重要な要因であることがわ

表 5-2-2　褐色菌核病菌 mcg の水田内における生存期間と分布範囲との関係

水田 *	水田内生存期間(年)	mcg 数 分布地点数									
		1	2	3	4	5	6	7	15	22	計(%)
TO	1	18	1	3	0	0	0	0	0	0	22(62.9)
	2	0	2	1	0	0	0	0	0	0	3(8.6)
	3	0	1	1	0	0	1	0	0	0	3(8.6)
	4	0	0	0	1	0	0	0	0	0	1(2.8)
	5	0	0	0	0	2	0	2	0	1	6(17.1)
	計	18	4	5	1	2	2	2	0	1	35(100.0)
TK	1	8	3	1	0	0	0	0	0	0	12(48.0)
	2	0	1	0	0	0	1	0	0	0	2(8.0)
	3	0	1	2	1	0	0	0	0	0	4(16.0)
	4	0	1	3	0	0	1	0	1	0	6(24.0)
	6	0	0	1	0	0	0	0	0	0	1(4.0)
	計	8	6	7	1	0	2	0	1	0	25(100.0)
	計(%)	26(43.3)	10(16.7)	12(20.0)	2(3.3)	2(3.3)	4(6.7)	2(3.3)	1(1.7)	1(1.7)	60(100.0)

* 水田面積：5 ～ 6a。mcg（病斑由来）の調査地点（地点間：5m）の総数は 35 地点。　　　　（稲垣・磯村、1992）

かる。すなわち、強病原性によりイネ体上に多くの菌核が形成され、この菌核が
水田内に広く拡散し、そのことによって菌生存がより有利になると考えられる。

表 5-2-3　水田内における生存期間の異なる紋枯病菌 mcg の分布範囲の比較

mcg 生存期間 (年)	mcg 数	分布地点数	
		平均	範囲
1	62	1.3　a*	1 – 4
2<	28	4.0　b	1 – 22

＊生存期間（年）間で異なる記号（a, b）の場合、有意差（p = 0.05）があることを示す。
（郭ら、2003）

表 5-2-4　水田内での生存期間の異なる赤色菌核病菌 mcg のイネに対す
　　　　る病原性の比較

mcg 生存期間 (年)	供試菌株数	発病率(％：範囲)	発病茎率(％：範囲)	
		稲わら培地 *	稲わら培地	PSA 培地
1	14	8.5 (0.0 ～ 26.1)	11.1 (0.0 ～ 36.4)	31.2 (3.7 ～ 57.6)
2 ～ 9	6	17.8 (0.0 ～ 27.7)	23.9 (0.0 ～ 39.2)	40.1 (16.7 ～ 64.7)

＊接種源の種類：稲わら培地と PSA 培地。発病率と発病茎率は菌株平均値（範囲）。
（Inagaki, 1996）

第３節　水田雑草上での菌の越冬・生存と、雑草のイネ発病への 寄与

1. 雑草上での菌生存

　我が国の水田や畑においては、植物の科の数にして 30 種類を超える雑草が確
認されており、そのうちの主要な雑草はカヤツリグサ科やイネ科に属する植物で
あるといわれている（28）。古くから、イネの重要病害であるいもち病や紋枯病
などの病原菌がイネ以外に、水田周辺などに繁茂する他の植物（雑草）をも侵害
することがよく知られている（38、40、41）。そのため、水田内に繁茂する雑草
の多くがイネ病害の伝染源（infection source）としての役割を有する可能性が十
分考えられることから、これら病原菌の寄主範囲が精力的に調べられてきた。イ
ネの各種菌核病菌に関しては，前述のように紋枯病菌で 33 科 207 種、赤色菌核
病菌で 14 科 34 種など（10、18、35）のように多犯性が多い。これら寄主範囲に

含まれる植物にはクワ科やクスノキ科などの樹木類もあるが、水田内や水田に隣接する畦畔・小道など水田周辺に繁茂する植物の網羅的な実態調査は、近年ほとんどなされておらず、その調査は菌核病の病害防除を考えるうえで重要である。

　このため、主にイネの生育期間中の5〜10月に水田内や畦畔部に繁茂する雑草を採集し、植物種の同定後（28、31、37）、雑草の茎、地際部、あるいは根部の褪緑色〜黒褐色部からの菌核病菌の分離が試みられている。その結果、15科139種の植物から紋枯病菌、赤色菌核病菌、褐色菌核病菌、灰色菌核病菌、球状菌核病菌、褐色紋枯病菌、褐色小粒菌核病菌の7種の菌核病菌が分離され、これら植物のうち約半数の69種はイネ科植物で最も多く、次いでカヤツリグサ科、タデ科、およびキク科植物が14〜16種であった［表5-3-1：(6)］。また、菌核病菌の種類別では、灰色菌核病菌、球状菌核病菌、および赤色菌核病菌の3菌種が8〜11科、27〜38種と多くの植物から分離され、一方、褐色紋枯病菌と褐色小粒菌核病菌は2〜3科、4〜5種類ときわめて少なかった。このように、水田および水田周辺に生育している様々な雑草のうちでもイネ科、カヤツリグサ科、タデ科、キク科の4科、特にイネ科雑草が菌核病防除の観点からきわめて重要で

表 5-3-1　水田内および畦畔部に自生する雑草からの各種菌核病菌の分離

植物(科)*	植物種数							
	紋枯病菌	褐色紋枯病菌	赤色菌核病菌	褐色小粒菌核病菌	褐色菌核病菌	灰色菌核病菌	球状菌核病菌	計
ツユクサ	1**	0	0	0	1	1	1	4
キク	2	1	4	0	0	6	1	14
アブラナ	0	0	0	0	1	0	1	2
カヤツリグサ	3	0	3	1	3	2	4	16
トクサ	0	0	0	0	0	1	0	1
イネ	7	3	17	3	11	17	11	69
マメ	0	0	0	0	1	2	0	3
ミソハギ	0	0	1	0	0	0	0	1
アカバナ	0	0	0	0	0	1	1	2
オオバコ	1	0	1	0	0	1	0	3
タデ	1	0	2	0	2	5	5	15
ミズアオイ	0	0	1	1	1	1	1	5
ゴマノハグサ	0	0	1	0	0	0	1	2
セリ	0	0	0	0	0	1	0	1
アリノトウグサ	0	0	0	0	0	0	1	1
計	15	4	30	5	20	38	27	139

* 採集時期：イネ分げつ期（5月中旬）〜収穫期（10月）　** 該当科に所属する分離植物の種類数。
（郭ら、2012）

あることがわかる。また、紋枯病菌の寄主範囲は前述のように他の菌核病菌と比べて著しく広いにも関わらず、水田雑草からの菌分離頻度は低く、水田雑草と紋枯病発生との関係は灰色菌核病や赤色菌核病などに比べて比較的弱いと考えられる。この紋枯病菌の *Rhizoctonia solani* AG-1 IA は、水田雑草以外にもイネ科牧草、マメ科牧草やトウモロコシからも分離され病原性試験も試みられている（40）。

　さらに、球状菌核病菌については従来知られている寄主範囲（2 科）よりはるかに広い 8 科植物から分離され、今後、接種実験の実施によりさらに寄主範囲（10、18、35）の広がりの可能性が十分考えられる。このような可能性のある植物（科）を以下に記す。紋枯病菌：オオバコ。赤色菌核病菌：ミソハギ、オオバコ、ミズアオイ、ゴマノハグサ。褐色菌核病菌：ツユクサ。灰色菌核病菌：ツユクサ、トクサ、アカバナ、オオバコ、ミズアオイ、セリ。球状菌核病菌：ツユクサ、キク、アブラナ、アカバナ、タデ、ミズアオイ、ゴマノハグサ、アリノトウグサ。

2. 雑草および土壌残渣上生存菌によるイネでの発病

　前述（本章第 1 節 2.）のように、田植え前に調査した 2 水田（TW、TK：表5-1-1 にまとめて表示）では、前年秋のイネの収穫時から残存している土壌表層上の被害残渣や刈株のいずれにも、灰色菌核病菌と球状菌核病菌の生存割合が高く、これら 2 菌種に比べ赤色菌核病菌、褐色菌核病菌、褐色紋枯病菌の割合が低いことがわかっている。この調査を行った 2 水田を水田別と年次別に分けて、菌核病菌の生存割合と半年後の菌核病の発生割合（球状菌核病については非調査）を表 5-3-2 に示したが、生存割合の高い灰色菌核病菌は他の菌核病菌

表5-3-2　水田における田植え前での各種菌核病菌の生存とイネ生育後期での菌核病発生との関係

菌核病	田植え前：菌核病菌分布地点率(%)*				生育後期(黄熟期)：菌核病発生率(%)**			
	TW 水田		TM 水田		TW 水田		TM 水田	
	1991	1992	1991	1992	1991	1992	1991	1992
赤色菌核病	10.0	2.5	7.5	2.7	0.0	0.0	5.4	0.0
灰色菌核病	42.5	67.5	20.0	48.6	—	25.0	29.7	78.4
褐色菌核病	15.0	22.5	10.0	10.8	0.0	0.0	5.4	2.7
褐色紋枯病	15.0	50.0	7.5	18.9	15.0	7.5	0.0	8.1

* ［(土壌表層＋刈株) からの菌分離地点数 / 調査地点数)］×100。

** (菌核病発生地点数 / 調査地点数) × 100。　　(Inagaki, 2004)

110

に比べて灰色菌核病発生の割合が明らかに高い。これらのことから、田植え前の
菌核病菌の残存状況が5〜6カ月後のイネの菌核病発生と大きく関連している
ことが考えられる。

（1）水田における［イネ－雑草－土壌残渣］間での菌生存のつながり

　水田において、菌核病菌は田植え前の段階では稲わらなどの土壌残渣や刈株上
で生き残っており、主にこの生存菌が原因となってイネの生育期間中に各種の水
田雑草上で感染・発病し、さらに雑草上での病原菌が原因となって秋頃にはイネ
体上で株元近くに病斑という形でビジュアル化することが十分考えられる。この
ような水田における病原菌の越冬・生存 〜 発病の過程でのつながりについては、
菌核病菌の個体群構造の概念を用いて mcg の追跡調査をすることにより詳細に
把握することが可能である。この調査のために使用した水田は互いに隣接する
A〜Eの6水田［愛知県春日井市内：図5-3-1：(5)］で行われた。イネ体上
での病斑、土壌残渣および刈株 は B 水田の 70 地点（地点間距離：5m）で、雑
草（イネ生育期間中：5〜10月）は A〜Eの5水田で、それぞれ採集して菌分
離後に mcg 判定が行われた。引き続いて、土壌残渣・刈株〔図5-3-2内で（土
壌 + 刈株）と表示〕からの mcg（s-
mcg とする）、病斑からの mcg（ℓ
- mcg）、雑草からの mcg（w - mcg）
の三者間で同一 mcg が存在するかど
うかをチェックした。なお、1998〜
2001 年の4年間における調査で、5
水田から採集した全雑草 17 科 62 種
のうち赤色菌核病菌はキク、イネ、
ミソハギ、オオバコ、タデ、ミズア
オイ、ゴマノハグサの7科 19 種、ま
た褐色菌核病菌はツユクサ、アブラ
ナ、カヤツリグサ、イネ、タデ、ミ
ズアオイの6科 13 種から分離された。

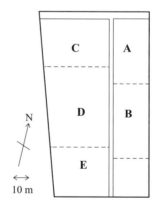

図5-3-1　赤色菌核病と褐色菌核病につ
いての発生調査水田（B）、被
害残渣採集水田（B）、および
雑草採集水田（A〜E）の位
置関係（愛知県春日井市内）
（Guo ら、2006）

(2) 田植え前（春）〜 収穫時（秋）：[土壌残渣・刈株 → イネ → 雑草]

　赤色菌核病菌の mcg に関して調査した 4 年のうち 2000 年の結果を図 5 - 3 - 2 に示したが、3 月採集の土壌残渣・刈株からは s - mcg：7 種類、収穫期間際に採集のイネ体上病斑からは ℓ - mcg：3 種類、また 5 〜 10 月採集の雑草からは w - mcg：8 種類が確認された。これらのうち土壌残渣・刈株と病斑との間で 2 種類、また病斑と雑草間では 2 種類が同一であった。さらに、土壌残渣・刈株と雑草間では 1 種類が同一であるのが確認された。褐色菌核病菌についての結果は図 5 - 3 - 3 に示したが、土壌残渣・刈株からの 14 種類のうちの 4 種類が病斑からの 17 種類のうちの 4 種類と、さらに病斑からの 4 種類が雑草からの 10 種類のうちの 4 種類と、いずれも同一であった。土壌残渣・刈株と雑草との間でも 1 種類が同一であった。このように、赤色菌核病菌および褐色菌核病菌のいずれも、水田内で田植え前に残存していた mcg 数のうちの 1 〜 4 種類（全 mcg 数に対する割合は、それぞれ平均 29 %、12 %）が実際に半年後にイネ葉鞘上に発病していること、またイネに発病している赤色菌核病菌および褐色菌核病菌は、それぞれ同一の mcg が異なる水田で 4 〜 5 種類の水田雑草にも感染発病していることも確認された。すなわち、赤色菌核病菌の場合には、病斑よりの ℓ - 002 は同じ B 水田で生育するアキメヒシバ、イヌビエ、スズメノヒエ、オオバコの 4 種類雑草と、D 水田で生育するケイヌビエの計 5 種類雑草に感染・発病していることがわかる。この ℓ - 002 と同様に ℓ - 003 も土壌残渣・刈株と 5 種類雑草にも確認

図 5-3-2　水田内での 3 種類の分離源 [土壌残渣・刈株 (土壌＋刈株)、イネ体上病斑、および雑草] 間における赤色菌核病菌 mcg の共通性（2000 年調査）
　　　　実線でつないだ mcg は同一 mcg であることを示す。　　（Guo ら、2006）

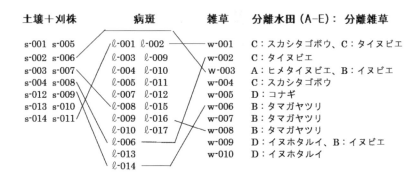

図5-3-3　水田内での3種類の分離源［土壌残渣・刈株（土壌＋刈株）、イネ体上病斑および雑草］間における褐色菌核病菌 mcg の共通性（2000年調査）
実線でつないだ mcg は同一 mcg あることを示す。　（Guo ら、2006）

されていて、土壌残渣・刈株と雑草上で全く確認されていない ℓ‐001 とは対象的である。このような mcg 間の差異は、前述のイネに対する病原性や分布範囲のほかに寄生性の違いも推察され、赤色菌核病菌の菌種内の多様性解析を考える上で興味深い。

(3) 前年の収穫時 〜 翌年の田植え前 〜 収穫時：［イネ（秋）→ 土壌残渣・刈株（翌年春）］、［雑草（春 〜 秋）→ イネ（翌年秋）］

　前項で記したように、水田内にあっては春先の土壌残渣に端を発した菌核病菌は、田植え後に生育しているイネや各種雑草に感染・発病を引き起こしていることが判明した。本項では、このような菌核病菌が秋にイネ体上で菌核病を発病させた後に翌春まで越冬・残存して、再度、秋にイネに菌核病を引き起こしているかどうかを調査する。併せて、水田雑草上で感染・発病した菌核病菌が、翌年の秋に再びイネに菌核病を引き起こしているかどうかにについても検討する。

　赤色菌核病菌に関して、収穫期ごろにイネ体上で赤色菌核病発生が3種類の mcg によって引き起こされていて、このうち2種類の mcg が翌年の田植え前に土壌残渣および刈株から確認された（図5‐3‐4：Ⅰ）。また、水田内の雑草からは9種類 mcg のうち、B水田内のエノコログサおよびイヌタデより分離した w‐mcg 8 が翌年秋にイネ体上で病斑形成しているのが確認された（図5‐3‐

4：Ⅱ）。褐色菌核病菌の場合には、収穫期頃に病斑形成に関与している10種類mcgのうち、1種類のみが翌春の被害残渣・刈株からの9種類のうちで確認された（図5-3-4：Ⅲ）。また、雑草上からは6種類mcg（w-801～806）が確認され、そのうちB水田内のケイヌビエ、ミゾソバからのℓ-802と、イボクサからのℓ-804の2種類mcgが1年～1年数カ月後にイネに発病（ℓ-904、ℓ-905）しているのが確認された（図5-3-4：Ⅳ）。これらのことから、イネ体上で病斑形成をしている褐色菌核病菌、かつ水田中で繁茂している雑草上に感染・発病を引き起こしている褐色菌核病菌が、いずれも翌春まで越冬・生存して生育後期イネ上で再度、発病していることが明確に理解できる。さらに、病斑形成している褐色菌核病菌が翌春まで越冬・生存する割合や、水田雑草上で生存している褐色菌核病菌が越冬・生存してイネに発病する菌の割合は、mcg調査から推測すると比較的少ないと考えられる。

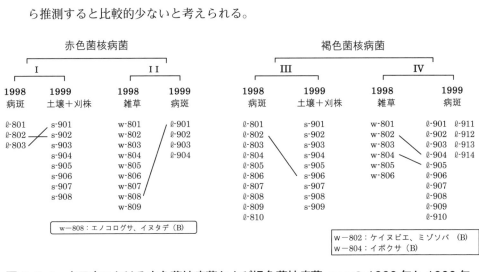

図 5-3-4　水田内における赤色菌核病菌および褐色菌核病菌 mcg の 1998 年と 1999 年との間での共通性
分離源間で実線でつないだ mcg は同一 mcg である。図 5-3-2 を参照。　　（Guo ら、2006）

第4節　CO₂ および O₂ の菌生育・生存等への影響

大気中の空気組成のうち、CO_2 濃度は 0.03 ～ 0.05 ％であり、O_2 濃度は 20.8 ～ 23.3 ％、また N_2 濃度は 76.7 ～ 78.1 ％とされている。一方、土壌中にあって

はCO$_2$濃度は0.1～10 %、O$_2$濃度は2～21 %、N$_2$濃度は75～90 %であり。
このような組成の違いは土壌中における植物や微生物の呼吸に起因するとされている（3、33）。通常、土壌の表層から下層にいくにしたがって、O$_2$濃度は低下し、逆にCO$_2$濃度は高くなるとされている。土壌伝染性病原菌である Rhizoctonia 属菌の生存能力は、前述のように土壌深度や水田にあっては田面水の有無、稲わらによる被覆などが直接的、あるいは間接的に大きく影響しているが、さらにこのCO$_2$やO$_2$の影響も十分考えられる。このようなことから、赤色菌核病菌、紋枯病菌、灰色菌核病菌、褐色菌核病菌、および球状菌核病菌の5菌種の生育、菌核発芽、菌核形成などに対するCO$_2$およびO$_2$の影響について調査・検討が行われている（26）。この調査では、CO$_2$インキュベーター（以下、MIとする）を用いてCO$_2$濃度を15～0.1 %、O$_2$濃度を20～5 %に設定し、対照区（後述のV区）として大気組成と同じ区（通常の定温器使用）も設定されている。

1. 菌糸生育

　大気中の空気組成とほぼ同濃度（%）の〔CO$_2$：0.1、O$_2$：20〕区と、大きく変えた〔CO$_2$：5、O$_2$：5〕区の2区を設定して、5菌種いずれも5菌株ずつを用いPSA培地上での菌糸生育状況をみたところ、各菌種とも菌種内での菌生育量のバラツキ（39）が小さい（紋枯病菌：8.2、他4菌種：1.4～3.6）ことを確認して、以後の調査では各菌種とも1菌株ずつを供試した。菌糸生育調査においては、CO$_2$濃度区を0.1、5、15 %の3区を設け、各CO$_2$区にはO$_2$濃度を1、5、15 %と変える区を設定して菌生育率〔対照区の菌生育量（mm）に対する割合（%）〕を調べた（図5-4-1）。その結果、5菌種の菌生育率はCO$_2$濃度が高くなるにともない、またO$_2$に関しては濃度が低くなるにともない、概して低下する傾向がみられた。すなわち、CO$_2$：15 %区では菌生育率が22～53 %と最も菌生育への影響が大であり、O$_2$に関しては1 %区で菌生育率が28～47 %と影響が最大であった。5菌種のうちでは、紋枯病菌がCO$_2$およびO$_2$の影響を最も受けやすいこと、さらに球状菌核病菌と褐色菌核病菌の2菌種、特に球状菌核病菌は影響を受けにくい菌種であることが判明した。灰色菌核病菌については、紋枯病菌とほぼ同様に影響を受けやすい菌種であると考えられる。なお、Rhizoctonia solani の中には地上型、地表型、および地下型の3種類の生息型の存在が知られており、そのうちイネ紋枯病菌の所属する地上型菌は、一般にCO$_2$耐性が弱い

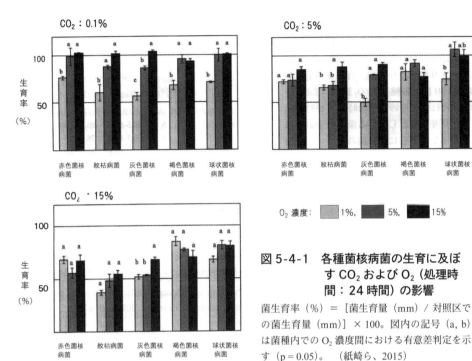

図 5-4-1　各種菌核病菌の生育に及ぼすCO₂およびO₂（処理時間：24時間）の影響

菌生育率（%）=［菌生育量（mm）/ 対照区での菌生育量（mm）］× 100。図内の記号（a, b）は菌種内でのO₂濃度間における有意差判定を示す（p = 0.05）。　（紙崎ら、2015）

とされていて（42）、本調査結果は類似傾向を示す。

2.　菌核の生存

　菌生育調査において菌生育率が低率であった紋枯病菌と高率であった褐色菌核病菌の2菌種を用いて、稲わら培地上で培養して得た菌核をMIに60日間入れて、生存状況を調べた。CO_2濃度（%）とO_2濃度（%）を［15：5］、［5：15］、［0.03：20（対照区）］の3処理区にした場合、60日後において、いずれの区も紋枯病菌は98〜100%、褐色菌核病菌は86〜93%と高率に菌糸を再生し（表5-4-1）、菌核は大気条件下とは大きく異なるCO_2やO_2濃度においても高率に長期生存が可能であることが明らかとなった。

116

表 5-4-1 紋枯病菌および褐色菌核病菌の CO_2 および O_2 各種濃度下における
菌核の生存（60 日後）

処理期間	濃度(%)		菌糸再生率(%)*	
（日数）	CO_2	O_2	紋枯病菌	褐色菌核病菌
	15	5	97.5 ± 1.4 a	93.3 ± 3.3 a
60	5	15	99.2 ± 0.8 a	85.8 ± 4.4 a
	0.03	20	100.0 ± 0.0 a	91.7 ± 1.7 a

*3 種類濃度間で同一記号（a または b）の場合は有意差（p = 0.05）がないこと
を示す。（紙崎ら、2015）

3. 菌核形成

　菌糸生育試験で CO_2 と O_2 の影響が比較的大きくみられた紋枯病菌と、小さい
球状菌核病菌および褐色菌核病菌の計 3 菌種を用いて、CO_2 と O_2 の菌核形成に
及ぼす影響を調べた。この調査においては、CO_2 濃度を一定（0.03 ～ 0.1 %）に
して O_2 濃度（%）の影響（Ⅲ：5、Ⅳ：15、Ⅴ：20）をみる区、さらに O_2 濃度
を一定（20 %）にして CO_2 濃度（%）の影響（Ⅰ：15、Ⅱ：5、Ⅴ：0.03）をみる
区を設けた。Ⅴ区は対照区で大気中の空気組成と同じである。3 菌種をそれぞれ
ペトリ皿内の PSA 培地上に菌移植を行い、その直後にペトリ皿を前記の CO_2 お
よび O_2 の各種濃度（Ⅰ ～ Ⅴ）下の MI にいれて培養し、このペトリ皿を 10 日後
に取り出して 1 ペトリ皿あたりの菌核形成数を調べた結果を図 5-4-2 に示した。
CO_2 濃度を一定にして O_2 濃度を 5 ～ 20 %に変えたⅢ・Ⅳ・Ⅴ区の 3 区間では、
3 菌種いずれも菌核形成数に差が認められなったが、O_2 濃度を一定にし CO_2 濃
度を 0.03 ～ 15 %に変えたⅠ・Ⅱ・Ⅴ区では、紋枯病菌と褐色菌核病菌について
はⅠ・Ⅱ区と対照区であるⅤ区との間で差が大であった、特に紋枯病菌について
はⅤ区では 39 個であったが、Ⅰ・Ⅱ区では 0 ～ 2 個と少なく、一方、球状菌核
病菌については、区間での菌核形成数に差異が認められなかった。

4. 菌核発芽

　菌核の生存調査において使用した紋枯病菌と褐色菌核病菌の 2 菌種の菌核に
ついて、CO_2 と O_2 の菌核発芽に及ぼす影響をみるために、前記の各種濃度（Ⅰ
～Ⅴ区）下に 48 時間置いた。その後、菌核を取り出して発芽菌糸生育量（mm）
をみたところ、紋枯病菌ではⅢ・Ⅳの 2 区とⅤ区との間（Ⅲ・Ⅳ＜Ⅴ）で、また

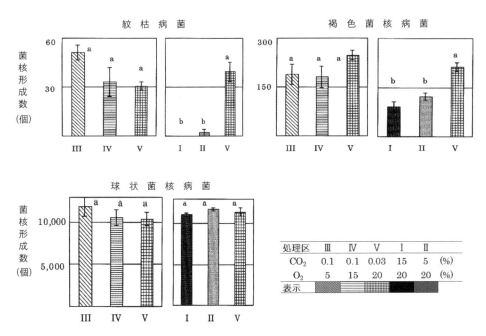

図 5-4-2　紋枯病菌，褐色菌核病菌，および球状菌核病菌の菌核形成に及ぼす CO₂ および O₂（処理期間：10 日）の影響

数値はペトリ皿（PSA 培地；径 9 ㎝）あたりの個数。図内の記号（a, b）については図 5-4-1 を参照。　（紙崎ら、2015）

Ⅰ・Ⅱ・Ⅴの 3 区間（Ⅰ＜Ⅱ＜Ⅴ）で明らかに差が認められた。一方、球状菌核病菌についてはⅠ・Ⅱ・Ⅴの 3 区間、およびⅢ・Ⅳ・Ⅴの 3 区間の、どちらも差が認められなかった。これらのことより、紋枯病菌の菌核は球状菌核病菌の菌核と比べ、CO₂ 高濃度下と O₂ 低濃度下に置かれることにより、明らかに菌核発芽時への影響を受けやすいことがわかる。このような球状菌核病菌における影響の減少は、1 つに球状菌核病菌の菌核には他の菌核病菌にはみられない外皮（第Ⅱ章第 5 節参照）構造があり、この存在が異常な外部環境への保護機能を高めている可能性がある。

　なお、紋枯病菌の菌核発芽能力についてイネ体上形成菌核（自然菌核）は培地上形成菌核（PSA：培養菌核）に比べ、低温、高温、高湿下でより長く発芽能力を維持できる ことが知られている（8）。このイネ体上形成菌核の組織中からは

外気濃度の3倍量のCO_2が検出されており、さらにPSA培地上形成菌核をCO_2濃度：0.1～0.5％にした場合（25℃、湿度80％の条件下）に菌核発芽能力は最長となり、イネ体上形成菌核の菌核発芽能力と同じ結果になることが確認されている。これらのことより、自然菌核外層にある空胞化細胞は発芽能力の維持と密接に関係していると考えられている。

　土壌伝染性病原菌である*Rhizoctonia*や*Sclerotium*属菌に起因するイネの各種菌核病菌は、その土壌中での生存には植物栽培の有無、土壌微生物、温度、湿度、pHなど、様々な要因が大きく影響を及ぼしていると考えられる。これら諸要因のうちの1つであるCO_2およびO_2、特にO_2に関しては1～5％の低濃度区で、またCO_2に関しては5～15％の高濃度区で、菌生育、菌核発芽、また菌核形成に影響を及ぼすことが判明した。菌種別では、概して紋枯病菌と灰色菌核病菌への影響が大で、これら2菌種に比べ球状菌核病菌と褐色菌核病菌への影響は少ないと考えられる。紋枯病菌の場合、CO_2の高濃度区（15％）、O_2の低濃度区（5％）下で60日後においても98％と高い生存率であるものの、別に実施した10日後における菌核形成能力については、著しく劣っていることが判明し、このようなCO_2およびO_2の菌核への影響はその形成過程でより顕著であることが考えられる。

引用文献

1. Butler, F. C.（1953）. Ann. App. Biol. 40:284‐297
2. 遠藤茂（1931）. 稲の菌核病に関する研究，第5報　主要なる稲の菌核病菌類の越年能力並びに乾燥に対する抵抗力. 植物病害研究 I:149‐167
3. 後藤寛治・川原治之助・玖村敦彦・丹下宗俊・佐藤庚（1989）. 作物学. p.220、朝倉書店
4. 郭慶元・小笠原崇文・荒川征夫・稲垣公治（2003）. 水田におけるイネ紋枯病菌個体群構造の年次推移. 日植病報 69:212‐219
5. Guo, Q., Kamio, A., Sharma, B.M., Sagara, Y., Arakawa, M., and Inagaki, K.（2006）. Survival and subsequent dispersal of rice sclerotial diseases fungi, *Rhizoctonia oryzae* and *Rhizoctonia oryzae-stivae*, in paddy fields. Plant Dis. 90:615‐622
6. Guo, Q., Mathur, A.C., Arakawa, M., and Inagaki, K.（2012）. Contribution of weeds growing in paddy fields to occurrence of rice sclerotial diseases caused by *Rhizoctonia* and *Sclerotium*

spp. J. Res. Inst. Meijo Univ. 11:1 - 10

7. 羽柴輝良・茂木静夫（1973）．休耕田におけるイネ紋枯病菌の菌核数と発芽率．北陸病害虫研報 21:6 - 8

8. Hashiba, T., and Yamada, M.（1981）．Viability of sclerotia formed on rice plants and culture media by *Rhizoctonia solani*. Ann. Phytopath. Soc. Japan 47:464 - 471

9. 平山成一・田中孝・東海林久雄・木村和夫（1980 b）．イネ褐色菌核病菌の越冬について．北日本病虫研報 31:42 - 43

10. 堀眞雄（1991）．イネ紋枯病．p.324、日本植物防疫協会

11. Inagaki, K.（1996）．Distribution of strains of rice bordered sheath spot fungus, *Rhizoctonia oryzae,* in paddy fields and their pathogenicity to rice plants. Ann. Phytopathl. Soc. Jpn. 62:386 - 392.

12. 稲垣公治（1990）．水田から分離したイネ赤色菌核病菌菌株の類縁関係と水田における年次消長．日植病報 56:443 - 448

13. Inagaki, K., Guo, Q., and Arakawa, M.（2004）．Overwintering of rice sclerotial disease fungi, *Rhizoctonia* and *Sclerotium* spp. in paddy fields in Japan. Plant Path. J. 3:81 - 87

14. 稲垣公治・郭慶元・片山好春・荒川征夫（2009）．水田における各種 *Rhizoctonia* と *Sclerotium* 属菌の越冬とイネ —— 雑草間移動（資料）．名城大農農場報告 10:57 - 62

15. 稲垣公治・磯村嘉宏（1992）．イネ褐色菌核病菌系統の水田における残存期間と近隣水田での分布．日植病報 58:340 - 346

16. 稲垣公治・牧野精（1979）．イネ赤色菌核病菌とその他数種菌核病菌の土壌中における腐生能力の比較．日植病報 45:394 - 396

17. 稲垣公治・牧野精（1980）．イネ諸菌核病菌の土壌中での腐生能力に関する 2, 3 の要因．名城大農学報 16:26 - 30

18. 稲垣公治・奥田潔・牧野精（1978）．イネ赤色菌核病菌 *Rhizoctonia oryzae* の菌糸隔壁部構造並びに寄主範囲．名城大農学報 14:1 - 6

19. 稲垣公治・田村升・牧野精（1987）．各種イネ菌核病菌の被害残渣内での越冬．関西病虫研報 29:27 - 29

20. 門脇義行・磯田淳・塚本俊秀（1992 a）．近畿中国農研 84:18 - 21

21. 門脇義行・磯田淳（1992 c）．灰色菌核病の発生に及ぼす 2, 3 の要因．近畿中国農研 84:22 - 25

22. 門脇義行・磯田淳（1993 a）．イネ各種菌核病の発生生態学的研究．第 1 報　各種菌核病菌の水田における時期別消長．日植病報 59:681 - 687

23. 門脇義行・磯田淳（1993 b）．イネ各種菌核病の発生生態学的研究．第 2 報　水田での生育中のイネから分離されるイネ各種菌核病菌の推移．日植病報 59:688 - 693

24. 門脇義行・磯田淳・塚本俊秀（1993）．イネ各種菌核病菌の田面からの簡易検出法に関する 2, 3 の知見．近畿中国農研 86:3 - 7

25. 門脇義行・磯田淳・塚本俊秀（1995）．イネ各種菌核病の発生生態学的研究．第 3 報　イネ各種菌核病菌のイネ体上における分布．日植病報 61:63 - 68

26. 紙崎啓昌・荒川征夫・稲垣公治（2015）．イネの *Rhizoctonia* および *Sclerotium* 属菌核病菌の生育および菌核形成・発芽に及ぼす CO_2 および O_2 濃度の影響．関西病虫報 57:11 - 18

27. Kobayashi, T., Mew, T. W., and Hashiba, T.（1997）．Relationship between incidence of rice

sheath blight and primary inoculum in the Philipines: Mycelia in plant debris and sclerotia. Ann. Phytopathol. Soc. Jpn. 63:324 – 327

28. 草薙徳一・皆川健次郎（1998）．原色雑草の診断．p.129、農村漁村文化協会

29. Lee, F. N.（1980）．Number, viability, and buoyancy of *Rhizoctonia solani* sclerotia in Arkansas rice fields. Plant Diseases 64:298-300

30. Leu, L. S., and Yang, H. C.（1985）．Distribution and survival of sclerotia of rice sheath blight fungus, *Thanatephorus cucumeris*, in Taiwan. Ann. Phytopath. Soc. Japan 51:1 – 7

31. 牧野富太郎（1972）．牧野新日本植物図鑑．p.1060、北隆館

32. 牧野精・稲垣公治（1977）．立枯病菌および稲諸菌核病菌の菌糸と菌核の耐寒性．名城大農学報 13:1 – 5

33. 松坂泰明・栗原淳（2005）．土壌・植物栄養・環境事典．pp.65 – 66、博友社

34. 諸見里善一（1985）．*Rhizoctonia solani* Kuhn と *Sclerotinia sclerotiorum*（Libert.）de Bary の菌核生存に及ぼす 2, 3 の物理的要因の影響．琉球大農学報 32:29 – 33

35. 中田覚五郎・河村栄吉（1939）．稲の菌核病に関する研究（第 1 報）．稲に発生する菌核病の種類及び病菌の性質．農水省農事改良資料 p.139

36. 西門義一・平田幸治（1937）．数種の植物病原菌の菌核の生存期間と環境．特に温度及び水分との関係．農学研究 28:413 – 430.

37. 沼田真・吉沢長人（1997）．新版・日本原色雑草図鑑．p.414、（株）全国農村教育協会

38. 小野小三郎・中里清（1958）．稲紋枯病と雑草の紋枯類似病との関係．植物防疫 12（12）:549 – 551

39. 新城明久（1996）．新編生物統計学入門．p.142、朝倉書店

40. 月星隆雄・君ヶ袋尚志（1993）．イネ科及びマメ科牧草葉腐病菌（*Rhizoctonia* sp.）の菌糸融合及び培養型による類別と病原性．草地試験場研究報告 第 47 号 :29 – 35

41. 月星隆雄・吉田重信・篠原弘亮・對馬誠也（2002）．日本野生植物・共生菌類目録．農業環境技術研究所資料 第 26 号 p.169

42. 渡部文吉郎・松田明（1966）．畑作物に寄生する *Rhizoctonia solani* Kuhn の類別に関する研究．指定試験（病害虫）第 7 号 p.138

43. 山口富夫・岩田和夫・倉本孟（1971）．稲紋枯病の発生予察に関する研究．第 1 報 越冬菌核と発生との関係．北陸農試報 13:15 – 34

（上：エノコログサ、下：メヒシバ）

付図 5　水田の畦畔部近くに繁茂する雑草

第Ⅵ章
菌核病の米の品質・収量への影響と
防除、伝染環

　植物病害の防除法には様々な手法が取られている。たとえば、イネの各種菌核菌と同様に菌核形成菌である白絹病菌（*Sclerotium rolfsii*）によって引き起こされるタバコ白絹病には、微生物防除資材として土壌中に普遍的に存在しているトリコデルマ（*Trichoderma*）菌の有用性がよく知られている。その作用機作として、トリコデルマ菌が産生する各種の細胞壁分解酵素などが病原菌菌糸や菌核の崩壊・分解を引き起こすことにある（13、16）。また、イネいもち病防除には多系品種（マルチライン）の利用が有効である。このマルチラインは、真正抵抗性遺伝子のみが異なって他の形質はすべて同じ同質遺伝子系統のイネを多く作成して、抵抗性に多様性を有する品種群である。このようないくつかの同質遺伝子系統を混植することによっていもち病発生を抑制することができる（36）。作物病害防除の方法には、このような生物的防除法、抵抗性品種利用や、耕種的防除法、化学的防除法（薬剤使用等）、物理的防除法などがある。ここでは、各種菌核病の米品質・収量に及ぼす影響と、［菌核病発生―肥料3要素―収量］の三者関係をみたうえで、耕種的、生物的および化学的防除法について概説する。また、Siを含め微量要素類の菌核病防除の可能性についても検討を行い、最後に、菌核病の伝染環について言及する。

第1節　米の品質・収量への影響

　各種菌核病の発生が米の品質や収量に及ぼす影響については、防除面（control）や発生生態面と比べて比較的研究が少ないものの、山形県（9）や富山県（30、31）などにおける精力的な調査があり、ここでは主にこれらの報告に基づいて解説する。

1．赤色菌核病

　赤色菌核病の発生がイネの生育に及ぼす影響については、収量に関する要因として籾重、精玄米重、屑米重割合、千粒重など、また品質に関しては粒厚分布、青米粒、乳白米、心白米粒などについて、ササニシキ、キヨニシキ（9）、コシヒカリ（31）、越路早生、コシヒカリ（30）を用いて調査がなされている。これら4品種のうち、ササニシキとキヨニシキについては自然発病（山形県内水田）したイネ（8月6日出穂）を用いて、越路早生（7月23～31日出穂）とコシヒカリについては試験場圃場で人工接種後の発病イネを用いて、さらにコシヒカリ（5月4日：田植え、6月23日：最高分げつ期）のみの調査でも試験場圃場での人工接種後の発病イネを用いて、それぞれ発病調査がなされている。

　品質・収量に及ぼす諸要因のうち、まず穂重および精玄米重については、赤色菌核病に罹病したササニシキ（表6-1-1）およびキヨニシキ（表6-1-2）

表6-1-1　赤色菌核病および褐色菌核病発病イネにおける玄米の品質（品種：ササニシキ）

菌核病 *	着粒数（粒）	空しいな数（粒）	穂重（g）	粗玄米重（C:g）	粒厚 1.8 mm以上 玄米重（D:g）	粒厚 1.8 mm以上 %（D/C）	玄米総粒数（粒）	1穂当たり玄米粒数 1.8 mm以上（a）	1穂当たり玄米粒数 1.8 mm以下（b）	a：b
赤色菌核病 A	63.9**	3.1**	1.53**	1.20**	1.14**	95.0	5172	55.3（91）	5.6	90.8：9.2
同 B	55.1	3.3	1.33	1.04	1.01	97.1	1607	49.6（81）	2.2	95.7：4.3
同 C	67.7	3.0	1.68	1.32	1.22	92.4	11000	58.8（96）	5.9	90.9：9.1
褐色菌核病 D	75.1	3.0	1.93	1.49	1.45	97.3	1876	67.0（－）	5.2	92.8：7.2
健全株	68.2	2.1	1.69	1.33	1.30	97.7	7535	61.1（100）	5.0	92.4：7.6

* A 止葉葉鞘発病折れた茎、B 止葉葉鞘発病折れない茎、C・D 第2・3葉鞘発病。**1穂当たり平均。
（平山ら、1982）

表 6-1-2　赤色菌核病，褐色菌核病，および紋枯病の発病イネにおける稔実等の品質
（品種：キヨニシキ）

菌核病	調査穂数 (本)	稈長 (cm)	穂長 (cm)	1 穂着粒数 (粒)	1 穂空秕数 (粒)	稔実粒数 (粒)	稔実割合 (%)	1 穂籾重 (g)	1 穂粗玄米重 (g)
赤色菌核病	535	68.7	15.9	81.0	15.5	65.4	80.8	1.47	1.20
褐色菌核病	23	67.9	16.1	77.7	11.6	66.1	85.0	15.0	1.22
紋枯病	84	70.7	15.8	78.1	13.6	64.5	82.7	1.43	1.18
健全株	140	69.9	16.3	87.1	12.7	74.4	85.4	1.82	1.49

注：表内の数値はイネ止葉、第 2、第 3 葉鞘発病個体の平均値。　（平山ら、1982 改変）

では健全イネに比べ低下するが、越路早生およびコシヒカリでは低下がみられない。ササニシキの罹病状況が止葉葉鞘まで達する場合、粒厚 1.8mm 以上の玄米の穂重と玄米重は健全株に比べて 12 ～ 22 ％低下し、また越路早生では千粒重と成熟期被害度との間で高い負の相関（r = － 0.803）が確認されている。稔実歩合については、ササニシキでは赤色菌核病の影響はみられないが、キヨニシキでは止葉葉鞘発病の場合に健全株と比べ 7%の低下がみられ、さらに健全株の［1次・2 次分げつ］と止葉葉鞘発病株の［1 次・2 次分げつ］の間で稔実歩合に差が認められている。粒厚に関しては、ササニシキ、キヨニシキ、越路早生ともに 1.8 ～ 2.0 mm 以上の籾数は発病株では健全株と比べ 12 ～ 14 ％低下する。腹白米率については、コシヒカリにおける止葉葉鞘発病の場合、6 ％と少し高く、ササニシキの粒厚 1.8 mm 以上の玄米では発病イネ株は健全イネ株の 88 ％と低くなる。キヨニシキでは腹白米、乳白米、心白米に関して発病の影響はみられない。また、青米粒率については、越路早生において赤色菌核病菌接種区では無接種区に比べて増加傾向にあり、本病の成熟期被害度と青米粒率との間では高い正の相関（r = 0.874）が確認されている。稈長および穂長に関しては、キヨニシキによる調査があり本病発生の影響はみられないが、コシヒカリのわら重に関しては本病発病により低下する傾向にある。さらに、コシヒカリについては腹白米、乳白米・心白米の各割合が無発病株に比べて高くなる（表 6 - 1 - 3）。このように、赤色菌核病については、その発病時期が紋枯病に比べて遅いため、収量よりも品質への影響が大きいと考えられている。

表6-1-3　各種菌核病発病イネにおける籾の品質（品種：コシヒカリ）

菌核病	調査籾数 （粒）	千粒重 （g）	腹白米率 （%）	乳白・心白 米率（%）
紋枯病	811	17.6	2.6	5.5
褐色紋枯病	1001	18.0	4.1	1.8
赤色菌核病	1057	18.5	3.7	2.9
褐色菌核病	1117	17.8	3.3	1.9
灰色菌核病	1089	18.4	3.3	1.6
無発病株	1057	18.9	1.8	0.5

（作井・梅原、1984）

2. 紋枯病

　紋枯病発生のイネ生育等への影響は、前述の赤色菌核病の場合と同様に、キヨニシキ、越路早生、コシヒカリの3品種によって調査されている。キヨニシキ、越路早生を用いた穂重（または籾重）への本病の影響については、イネの止葉または第2葉鞘が罹病した場合に健全株に比べ18～22％減少し、コシヒカリを含む3品種の精玄米重については17～24％減少する。さらに、千粒重についても越路早生では明らかに減少し、コシヒカリでも止葉、および第2葉鞘が発病している場合に健全株と比べで減少する。キヨニシキを用いた調査で稔実割合については発病の影響がみられないが、1穂空粃数については健全株に比べ12％増加、稔実粒数については13％減少となる。越路早生では屑米重割合は健全イネ：2.7％であるが、罹病イネ：9.7％と増加し本病発病の影響がみられ、乳白、心白米率についてはコシヒカリでは無発病株が0.8％であるが、発病株は5.5％と高く、特に止葉葉鞘発病の場合は7.5％と一段と高い。また、本病の発生はキヨニシキの稈長および穂長に、さらにコシヒカリのわら重には影響しない。粒厚分布については、越路早生およびコシヒカリのいずれも2.0 mm以上では健全株が29％、罹病株が11～17％であり、紋枯病の発生によって玄米が小粒化する傾向になる。イネの品種は不明であるものの、通常、紋枯病は10～20％の収量減少をきたすが、イネが倒伏したりすると株間の湿度が高くなって本病発生が激しくなり、50％の減収を引き起こすこともある（20、25）。

3. 褐色菌核病

　イネでの褐色菌核病の発生は、赤色菌核病や紋枯病と違って止葉葉鞘に発病す

る本数が少ないため、褐色菌核病の品質・収量への影響は第 2、3 葉鞘発病イネ
による調査に基づいている。ササニシキにおける着粒数、空粃数、穂重、粗玄米
重、粒厚 1.8 mm 以上の玄米重の調査では、いずれの要因も罹病株と健全株との
間で差がみられず、また稔実歩合も両株とも 96 〜 97 ％と差がなく、本病の稔
実への影響はみられていない。また、キヨニシキにおける調査でも稈長、穂長、
1 穂空粃数、および稔実歩合の諸要因について健全イネ株と大差がない。

　一方、1 穂着粒数と稔実粒数は罹病株で 10 〜 14 ％の減少がみられ、さらに 1
穂籾重と 1 穂精玄米重の 2 要因については罹病株で 17 〜 18 ％の低下を招き本
病発病の影響が大きい。千粒重についても、コシヒカリの調査で止葉葉鞘発病の
場合に低下し、第 2, 3 葉鞘葉鞘発病時でも低下傾向にある。

4. 灰色菌核病

　富山県内試験場圃場においてコシヒカリの発病イネについて調査がなされてお
り、精玄米重および粗玄米重に関しては大きな変化がみられないが、千粒重につ
いては止葉葉鞘と第 2 葉鞘の発病イネで低下する。また、栃木県下におけるコシ
ヒカリの調査では、屑米重および分げつ茎における登熟歩合の低下がみられ、さ
らに乳白米、および心白米率も高い傾向にある（24）。

5. 褐色紋枯病

　前述の灰色菌核病と同様にして調査が行われたコシヒカリについて、登熟期に
は止葉葉鞘にも発病が認められて病斑高は紋枯病（63.5 cm）に次いで高い（62.5
cm）が、わら重、玄米重（粗玄米重、精玄米重）、千粒重のいずれも発病の影響
が認められない。乳白・心白米率は 13 ％と少し高くなる傾向にある。屑米重と
腹白米率については他の菌核病とほぼ同じで本病発生の影響は認められないが、
ササニシキおよび越路早生の接種実験による調査では減収が認められ、屑米重の
増加がみられる。また、越路早生では青米の増加が確認されている。

6. 紋枯病と他菌核病との組み合わせ

　各種菌核病の単独調査と並行して、［紋枯病＋赤色菌核病］、［紋枯病＋褐色菌
核病］、［紋枯病＋褐色紋枯病］など各種菌核病の混発下での影響を知るために、
2 種類菌核病菌を組み合わせてイネ（品種：コシヒカリ）への混合・人工接種実

128

験が行われた（31）。この結果によると、粗玄米重および精玄米重の玄米重に関しては、これら菌核病組み合わせでは単独菌核病と比べて低下し、特に［紋枯病＋赤色菌核病］との組み合わせにおいて顕著に低下する。一方、屑米重については、［紋枯病＋他の菌核病］との組み合わせにおいては単独菌核病と比べて増加する傾向にある。また、紋枯病以外の2〜3種類菌核病の組み合わせ、すなわち［褐色紋枯病＋赤色菌核病］、［褐色紋枯病＋褐色菌核病］、［赤色菌核病＋褐色菌核病］、［褐色紋枯病＋赤色菌核病＋褐色菌核病］においても品質調査が行われているが、これらの組み合わせでは精玄米重と千粒重に関しては低下が認められず、屑米重では単独菌核病と同様に少ない傾向にある。乳白米・心白米の割合は［紋枯病＋褐色紋枯病］、［紋枯病＋赤色菌核病］、［赤色菌核病＋褐色菌核病］、［褐色紋枯病＋赤色菌核病＋褐色菌核病］の各区において紋枯病単独の8％と比べ11〜13％と少し高い傾向にある。

第2節　肥料成分およびイネ品種と菌核病発生

1. 窒素

　イネ品種：日本晴における紋枯病多発水田（新潟県）において、多窒素区と標準窒素区との間で1茎あたりの菌核形成量が調べられている（35）。多窒素区では6個／茎、57個／株であるが、標準窒素区では5個／茎、36個／株と少ない（表6-2-1）。この多窒素区での菌核数は10aあたりに換算すると30〜50万個となり、紋枯病多発水田では17〜21万個とする既報の研究ともよく一致する。さらに、これら両区間でイネ葉鞘位別に菌核形成量をみた調査では、［止葉葉鞘＋第2葉鞘］においては多窒素区：85 mg、標準窒素区：60 mgで、第3葉鞘以下においても多窒素区で菌核形成が多い。これらのことから、窒素肥料の菌核形成の助長、これにともなう紋枯病の多発化という関係が推察される。また、フィ

表6-2-1　イネ体上における紋枯病菌菌核形成に及ぼす多窒素の影響

窒素区	紋枯病菌の菌核形成量				
	1茎当たり	1株当たり	止葉＋次葉葉鞘	第3葉＋第4葉鞘	第5葉以下葉鞘
多窒素区	6.4（個）	56.8（個）	85（mg）	98（mg）	154（mg）
標準窒素区	4.5	35.6	60	86	117

（山口ら、1971）

リピン（IRRI）における圃場試験（品種：IR72）において、紋枯病発生、N施用、収量の3者の関係が調べられていて、紋枯病の発生はN施用量の増加に比例して増加することが明らかにされている。この場合、雨季と乾季や調査年次で数値は異なるものの、N量が60〜150 kg／haの場合には収量が最大に達するが、さらにN量が120〜250 kgと増加すると収量は20〜40％減少するとされている（2）。なお、窒素肥料の加用が菌核病発生を助長することは、紋枯病の他に灰色菌核病、球状菌核病、褐色菌核病についても指摘されている（1、23）。

2．3要素

　前述の窒素と併せて、リン酸、カリの肥料3要素が水田（山形県）における褐色菌核病および赤色菌核病の発生に及ぼす影響について、キヨニシキで調べられている（9）。表6-2-2に示したように、褐色菌核病の発病株率は無肥料区と3要素区では20〜30％、無窒素区と無リン酸区では10〜20%であるが、無カリ区では90％強と著しく高い。また、赤色菌核病については無肥料、無窒素、無リン酸および3要素の4区はいずれも0〜2％と低いが、無カリ区は23％と高い。カリ成分が菌核病に対する抵抗力昂進に大きく関与していることが考えられる。このように、水田における菌核病の発生は窒素を多くすると多くなり、またカリ肥料が欠乏しても多くなることから、施肥のバランスが菌核病防除に重要となる（8）。さらに、これら3要素の標準区（N：10 kg、P：11 kg、K：10 kg）と多肥料区（N：13 kg、P：12 kg、K：13 kg）との間で発病率調査がされているが

表6-2-2　3種類肥料の褐色菌核病および赤色菌核病発生に及ぼす影響

菌核病／ 葉鞘位別発病 *	発病株率（%）／発病数（本）				
	無肥料	無窒素	無リン酸	無カリ	3要素
褐色菌核病	27（%）	11（%）	18（%）	92（%）	22（%）
赤色菌核病	2	0	0	23	2
両病混合発病	1	0	0	18	0
止葉葉鞘発病	16（本）	3（本）	15（本）	79（本）	29（本）
第2葉鞘発病	46	32	30	59	36
第3葉鞘発病	8	11	13	8	5
発病茎率（%）	40.5	26.6	20.3	60.1	22.6

* 葉鞘位（止葉〜第3）発病数（本）は赤色菌核病と褐色菌核病の発病茎数の合計値。
（平山ら、1982）

(9)、赤色菌核病の発病率は標準区で 0 ～ 2 ％であるのに対し、多肥区では 3 ～ 12 ％であり、本病の発生は多肥の場合に影響が大きい。

3. イネ品種

(1) 赤色菌核病

　PSA 菌叢片をイネに人工接種することにより、ジャポニカ、インディカ、ジャワニカの 4 型 89 品種に対する発病調査がなされている (22)。この調査によると、89 品種は本病の発病程度に基づいて 6 グループに分類される。すなわち ① 最も強い抵抗反応を表す発病率：4 ～ 9 ％の 5 品種 (系統)、次いで ② 発病率：12 ～ 18 ％の 14 品種、③ 発病率：20 ～ 30％の 18 品種、④ 発病率：32 ～ 47 ％の 30 品種、⑤ 発病率：52 ～ 69 ％の 15 品種、そして ⑥ 最も高い感受性を示す発病率：73 ～ 83 ％の 7 品種である。これらのうち、① 群に属する品種はテテップ、ゼニス、ミズホ、タマケイ 74 号、893 号の 5 種類、また ⑥ 群に属する品種は台中 65 号、赤米、ゆめひかり、みなみひかり、610 号、564 号、585 号の 7 品種である。また、越路早生とコシヒカリを用いた玄米の品質調査においては、屑米重割合、千粒重、青米粒率などがコシヒカリに比べ越路早生でより赤色菌核病の影響を受けやすい (30)。さらに、キヨニシキ、やまてにしき、はなひかり、およびササニシキの 4 品種間では、ササニシキは紋枯病と赤色菌核病の発病が少なく、キヨニシキは多い傾向にある (9)。

(2) 褐色菌核病

　山形農試圃場の品種試験田と品種保存田において、イネ 37 品種に対する褐色菌核病菌の発病状況が調査されている (9)。 これら品種のうち、亀ノ尾、豊国、イ号、福坊主は発病茎率が 7 ～ 17 ％と低く、一方、ササシグレ、ササニシキ、キヨニシキは発病茎率が 28 ～ 39 ％と高い。発病茎率が低い亀ノ尾などの品種群は大正時代から昭和 20 年代に栽培された長稈穂重型の品種であり、発病率の高い品種は短稈多げつ型の品種であって、近年、このような発病しやすい型の品種の利用と多肥条件下での栽培により本病発生の増加が起きていると考えられている。さらに、みほひかりはヤマビコ、ニホンマサリ、日本晴、近畿 33 号に比べ、発病株率および病斑高率のいずれも低い (24)。

(3) 紋枯病

　供試イネ品種として外国稲 1429 品種、日本稲 277 品種を用いて、出穂期が 7 月中旬から 9 月上・中旬、さらに出穂未了の計 7 品種群に分けて、フスマ培養菌を接種源として紋枯病の上位進展状況が調査されている (5)。この調査によると、紋枯病の上位進展は早生品詞 > 中生品種 > 晩生品種の傾向があることが判明し、病斑高率（%）による評価法の有効性が指摘されている。したがって、紋枯病は出穂期のより早い品種で上位葉鞘に高率に発病する傾向にある。

　このような紋枯病菌に関して、上位進展が早い早生種と上位進展が遅い晩生種との間で、葉鞘内窒素含量（N）・澱粉含量（S）と培地上での菌生育との関係が調べられている (6)。早生種での N 量・S 量は菌生育に好適な含有量であるが、晩生種では菌生育に不適な含有量であったことから、イネ体内の N 量と S 量の量的変動が紋枯病菌の上位進展に大きく関係していると考えられている。また、紋枯病に対する抵抗性遺伝子を導入する目的で *Oryza* 属に所属する 73 種（ジェノタイプ）のイネに 3 通りで接種実験を行い、*O. nivara, O. barthii, O. meridionalis, O. nivara / O. sativa, O. officinalis* の 5 種に属する 7 植物が紋枯病に中程度の抵抗性を示すことが判明している (26)。

第 3 節　耕種的および生物的防除法

1. 耕種的防除法

　紋枯病を対象とした耕種的防除法に次の [1]、[2] がよく知られており (1、2、11)、さらに別の方法も度々指摘されている。紋枯病以外の菌核病の防除法については、それらの病原菌や病害の発生生態が紋枯病菌 / 紋枯病と類似する点が多いため、紋枯病に準じて行われる場合もある (32)。

　[1] プラウ耕を実施することにより、土壌中での越冬菌核の多い上層と少ない下層とで土壌の転換があるため菌核の浮上が少なくなり、本病発生が減少する。

　[2] 乾田直播の全面散播栽培（近年では、この様式による栽培は少ない）であり、代かきしないことによる菌核の浮上がないこと、株当たり茎数が少ないことなどにより、本病発生の減少がみられる。

　[3] 熟期の早いイネ品種の回避で、好高温性の紋枯病菌はイネが罹病しやす

くなる熟期が夏期の高温と重なるため、早生品種や早植えのイネは発病しやすくなるため避ける（25）。通常、短稈品種は早熟性であり、紋枯病菌の場合には長稈品種にくらべて早く菌糸の上位進展が起こる（11）。

[4] 密植を避けることである：密植が多いことや分げつが多いと、菌核の株への漂着が助長されて（17）第一発病が多くなる。また、株内の茎間や隣接する株間が密になりやすく、湿度が高くなることもあって菌移動が容易となる（11、20）。さらに、水田内の稲わらやごみなどは菌核が混じっていることが多いため、代かきの際にはよく取り除く必要がある（32）。

[5] 他の作物との輪作（rotation）は、病原菌（紋枯病菌）の寄主範囲が広いため有効でなく、紋枯病菌は稲作がされていなくとも水田内に繁茂している雑草上で残存している。しかし、ダイズとの輪作に関しては紋枯病発生の顕著な減少を起こすことが指摘されている（20）。

2. 生物的防除法

前述のように、*Rhizoctonia solani* AG－1 IA は多犯性菌であるため、イネに紋枯病を引き起こす以外に、イネ科牧草であるトールフェスキューにもリゾクトニア・ブライト病（Rhizoctonia blight）を引き起こすことが知られている。この病害防除に土壌から分離した 2 核 *Rhizoctonia* AG－B（o）と、*R. solani* に感染したベントグラスより分離した *Gliocladium virens*（叢生不完全菌目に所属する糸状菌）の 2 種の微生物資材が有効で、これら微生物資材があらかじめトールフェスキューに接種されている場合には発病率が 20 ～ 60 ％であるが、無接種の場合には 80 ～ 100 ％の発病率を示す。また、これら 2 種類の混合接種の場合にも十分な発病抑制効果が期待されている（37）。

第 4 節　化学的防除法

1. 赤色菌核病

バリダシン、ネオアソジン、バイレトン、ロブラール、タチガレンの 5 種類の薬液を、それぞれろ紙に浸漬等の処理をして PSA 平板培地上で菌生育を調べた結果、バイレトンおよびロブラールによる生育抑制効果が高く、バリダシンによる抑制効果も確認される。さらに、本病に自然発病した水田（品種：キヨニシキ、

出穂：8月4, 5日）での、ロブラール（水和剤1000倍液）、バシタック（水和剤
1000倍液）、およびバリダシン（液剤600倍）の3種類の薬剤散布（8月上、中
旬の2回）により、イネの成熟期には止葉葉鞘および第2葉鞘での顕著な発病
率の低下が確認される（表6-4-1）。さらに、各葉鞘位での菌核形成率もバリ
ダシンでは皆無、第2葉鞘以下でも低率であり、ロブラール、およびバシタック
でも止葉および第2葉鞘で菌核形成の抑制が認められる（9、10）。また、とや
まにしき（早生品種、5月4日苗移植）栽培水田において、最高分げつ期と穂ば
らみ期に稲わら培地培養稲わら片を株元に接種し、穂ばらみ期 ～ 傾穂期に5種
類薬剤が3回散布され、このような水田における調査により、フルトラニル、メ
プロニル、ジクロメジン、バリダマイシンで45 ～ 56の防除価がみられる（表6
-4-2；(31)）。

表6-4-1　イネ成熟期における赤色菌核病発病に対する3種類薬剤の防除効果

薬剤	葉鞘位別発病率(%)			平均病斑高 (cm)*	発病茎率 (%)	菌核形成数 (個：1葉鞘あたり)		
	止葉葉鞘	第2葉鞘	第3葉鞘			止葉葉鞘	第2葉鞘	第3葉鞘
ロブラール水和剤 (×1000)	5.5	25.8	67.2	27.3	74.2	14.7	7.0	9.5
バシタック水和剤 (×1000)	6.4	35.8	66.1	32.6	71.6	14	8.0	8.5
バリダシン液剤 (×600)	1.6	44.8	87.2	27.6	88.8	0.0	13.9	7.7
無散布	75.2	88.0	90.6	48.1	95.3	23.2	18.7	11.4

* 止葉 ～ 第5葉鞘までの平均。　（平山ら、1982 抜粋）

表6-4-2　各種菌核病菌に対する5種類薬剤の防除効果

処理薬剤	薬剤防除価*				
	褐色紋枯病菌	赤色菌核病菌	褐色菌核病菌	灰色菌核病菌	紋枯病菌
フルトラニル乳剤	43.4	30.5	24.1	19.5	64.3
同　水和剤	40.6	44.5	27.5	27.3	68.5
メプロニル乳剤	47.0	56.2	25.2	16.4	67.4
ペンシクロン水和剤	40.0	11.8	20.3	17.8	65.4
ジクロメジン水和剤	39.1	51.8	22.5	39.8	68.4
バリダマイシン液剤	31.6	49.2	22.8	21.5	63.8
無処理区（病斑高：cm）	42.5	47.5	42.5	44.0	60.4

* 薬剤防除価＝（B － A）/ B × 100。A＝薬剤処理区における病斑高（cm）、B＝無処理区における病
斑高（cm）。　（作井・梅原、1984）

2. 褐色菌核病

　バリダシン剤など7種類をイネ出穂期の葉鞘に株元散布しても十分な防除価が得られないことから、室内実験により菌生育等の調査がなされている。バリダシン、ネオアソジン、バイレトン、ロブラール、タチガレンの薬液をろ紙に浸漬等の処理後、PSA平板培地上での菌生育を調べた結果から、バイレトンの生育抑制効果が最も高く、ロブラール、バシタックの抑制効果も確認される（9）。前述のとやまにしきを用いた調査では、5種類いずれの農薬でも防除価が20〜30で十分な効果がみられていない。しかし、コシヒカリ栽培圃場（移植：5月6、8日、出穂期：7月30日、8月8日）での3種類薬剤の散布試験（薬剤種類により出穂1、2週前、出穂期、穂ぞろい期散布）では、ジクロメジン、およびフルトラニルの防除効果は高いが、バリダマイシンは少し劣る（15）。

3. 紋枯病

　赤色菌核病菌において使用された5種類薬剤の紋枯病菌生育に対する影響に関しては、バイレトンによる生育抑制が高く、ロブラール、バシタックによってもこの抑制効果がみられる（9）。紋枯病菌をペプトン加用PSA培地で培養して得た菌そう片を接種源として、ソラマメ葉法によりソラマメ葉への菌侵入防止効果が、4種類薬剤：ネオアソジン（液剤32.5 ppm）、モンゼット（TUZ、水和剤50 ppm）、ポリオキシン（乳剤50 ppm）、およびPCNB（水和剤750 ppm）を用いて調べられている。なお、紋枯病菌のソラマメ葉とイネ葉鞘への病原力は菌株間で同じ傾向を示すことが明らかにされており、この調査により本菌は有機ヒ素剤、ポリオキシン、PCNBに対する感受性が高く、菌株による薬剤感受性の差がほとんど認められないことが指摘されている（12）。また、とやまにしきを用いた5種類薬剤：フルトラニル、メプロニル、ペンシクロン、ジクロメジン、およびバリダマイシンの紋枯病発病に及ぼす効果は、いずれの薬剤も防除価64〜69と高い（31）。さらに、アミド系の上記のフルトラニルの他にfurametpyr、thifluzamide、メトキシアクリレート系のazoxystrobinなどの浸透移行性薬剤は水面施用や箱育苗での使用が可能である（18）。

4. 灰色菌核病

　本病がイネ幼苗の根や葉鞘に褐変を引き起こしたり、その乾物重に影響を及ぼし

たりすることから 8 種類の農薬による防除効果が調べられ、臭化メチル、バリダマイシンで顕著な防除効果が認められている（19）。また、とやまにしきに対する薬剤散布試験においては、5 種類薬剤間で大差がないものの、ジクロメジンの防除効果［40］が少し高い 傾向にある。さらに、アキニシキ、ハツシモ、および日本晴についても薬剤効果が調査され、アキニシキではバリダシンとジクロメジン、ハツシモではジクロメジン、日本晴ではジクロメジン、フルトラニル、バリダシン、メプロニルの各薬剤の有効性が示されている、これら薬剤の散布時期は薬剤の種類により異なり、出穂 17 日前〜 14 日後までの期間に 1 〜 2 回散布されている（24）。

5.　褐色紋枯病

　培地上での菌糸伸長に関して、メプロニル、およびフルトラニルには感受性であるが、有機ヒ素剤とバリダシン剤には感受性が低い（24）。前述のとやまにしきを用いた調査において、本病に対する 5 種類薬剤の効果が調べられているが、防除価はメプロニルが 47 と最も高く、他の薬剤は 32 〜 43 と薬剤間で大差が認められない（31）。また、防除価は薬剤の散布時期と関係するものの、越路早生とコシヒカリではバリダシンとジクロメジンが、さらにコシヒカリに対してはフルトラニルも発病抑制効果がみられる（24）。

第 5 節　微量要素および Si の各種菌核病菌生育と発病への影響

　紋枯病はいもち病と同様にイネの重要病害であるため、古くから様々な手法で防除法の検討がなされており、その一環として 1960 年代に *Rhizoctonia* 菌や紋枯病菌と微量要素との関係調査が始められている（3、27）。以後、イネのリゾクトニア病を考慮したケイ素（Si）を含む微量要素類についての調査はほとんどなされていないが、近年、この微量要素類と紋枯病菌を含む 4 種菌核病菌の生育や発病との関係について、いくつかの知見が得られている。

1.　菌生育への影響

　微量要素として、ホウ素（B）、銅（Cu）、鉄（Fe）、モリブデン（Mo）、マンガン（Mn）、亜鉛（Zn）の 6 種類と Si の計 7 種類の微量要素類を用いて、グル

コース・アスパラギン培地（液体培地）上での紋枯病菌、赤色菌核病菌、褐色菌核病菌、および灰色菌核病菌の生育に及ぼす微量要素類の影響が調べられている（21）。紋枯病菌では B、Cu、Mn、および Si の 4 種類、赤色菌核病菌では Zn の 1 種類、褐色菌核病菌では B、Cu、Fe、Mo、Mn、Si の 6 種類、灰色菌核病菌は B、Cu、Fe、Mo の 4 種類で、いずれも 1 ppm および 100 ppm の両区において、対照区（微量要素無添加）と比べ有意な生育抑制が認められる（図 6－5－1）。一方、紋枯病菌および灰色菌核病菌では Zn（1 ppm）で対照区と比べ約 2 倍、また紋枯病菌では Fe（100 ppm）で 1.5 倍の、いずれも生育促進が認められている。

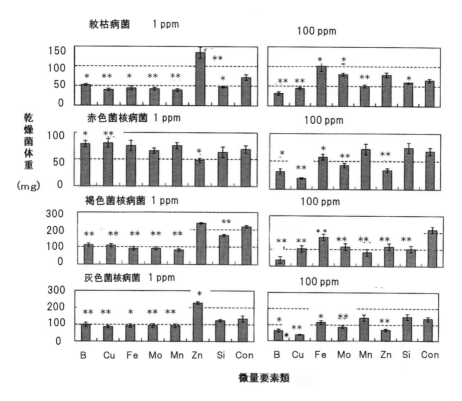

図 6-5-1　各種菌核病菌の生育に及ぼす微量要素類の影響

B：ホウ素、Cu：銅、Fe：鉄、Mo：モリブデン、Mn：マンガン、Zn：亜鉛、Si：ケイ素、Con：対照区（無添加区）。　（松井ら、2014）

2.　菌核発芽への影響

　菌生育試験の結果から 4 〜 5 種類の微量要素類を選び、稲わら培地上での形成
菌核を、プラスチック容器（96 孔マルチウェルプレート）内の微量要素類液（1、
10 ppm）に浸した。その後、28 ℃で 72 時間後まで菌核の発芽状況を調査した
ところ、紋枯病菌と褐色菌核病菌、および灰色菌核病菌の菌核発芽率は、B, Cu,
Zn の両濃度区とも対照区と比べ 7 〜 70 ％不良となり発芽抑制が認められている。
また、10 ppm 区では、これら 3 菌種と褐色菌核病菌の 4 菌種は B、Cu、Zn、Si
により菌核発芽が不良となり、赤色菌核病菌は Mo によって両濃度区とも約 30
〜 60 ％の発芽抑制が確認された。

3.　紋枯病菌の発病に及ぼす影響

　前記の菌生育実験と菌核発芽実験の結果を踏まえて、B, Cu, Mn, Zn, Si の 5 種
類の微量要素類を選んで、紋枯病菌の発病との関係が調べられている。これら微
量要素類（10 ppm）をポット栽培したイネ（品種：あいちのかおり）の葉鞘部
（出穂期）に噴霧してから 3 日後に、培養稲わら片をイネの株元に置いて接種す
る方法と、あらかじめ微量要素を噴霧済のイネ葉鞘（約 30 cm 長）をプラスチ
ック容器内に入れて、この葉鞘上に PSA 菌叢片を接種する方法の、2 通りの方
法で調査が行われた。その結果、接種源が培養稲わら片の場合には、Si によっ
て発病茎率が約 30 ％の有意な低下が認められ、病斑高率については微量要素類
のいずれによっても減少傾向がみられなかった（図 6 - 5 - 2）。
　一方、PSA 菌そう片を接種源とした場合には、病斑形成数については Cu, Zn,
Si で対照区と比べ 40 〜 50 ％、また病斑面積率については Cu, Si で 50 〜 60 ％
の、いずれも減少がみられた。植物病害と Si との関係については、イチゴうど
んこ病（*Sphaerotheca humulii*）などでの発病抑制が示されている（7、14）。この
Si 施用が植物表皮細胞のケイ質化を引き起こすことによって耐病虫性の効果が
認められており（4、33）、このケイ質化と、また近年、調査が進められている
抗菌性物質（34）も Si の紋枯病発病抑制に関係していると考えられる。これら
の結果から、特に Cu と Si の紋枯病防除についての有効利用が十分考えられる。
　また、イネの栽培面積が日本の約 2 倍近くの 500 万 ha にも及ぶブラジルにお
いても、Si 使用による紋枯病防除の試みがポット栽培イネ（品種：リオ・フォ
ルモソ）を用いてなされている（28、29）。この実験では、Si 量については 0 〜

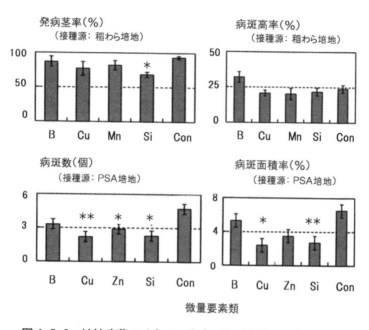

図 6-5-2　紋枯病菌のイネでの発病に及ぼす微量要素類の影響
B：ホウ素、Cu：銅、Mn：マンガン、Zn：亜鉛、Si：ケイ素、
Con：対照区（無添加区）　イネ品種：あいちのかおり。
（松井ら、2014）

　最大 1.92 g までに 5 区を設けて土壌施用し、紋枯病菌の接種時期に関してはイ
ネ種子発芽 45 日（4 葉期）〜 130 日後（出穂期）の間で 5 区を設けて、Si 使用
と紋枯病発病との関係が調査されている。その結果、土壌中への Si 量の増加と
ともに紋枯病の病斑数と発病エリアが減少し、紋枯病の発病度は穂ばらみ期と出
穂期により低下が確認され、さらに接種イネの乾物重も Si 量の増加につれて増
え、穂ばらみ期と出穂期に最大となっている。

　これらのことから、Si 施用による紋枯病の発病抑制の可能性と、その有効利
用が期待され、また、微量要素類の菌生育や菌核発芽に対する影響をみると、こ
れら微量要素類は紋枯病だけでなく、他の菌核病についても種々の防除手法の 1
つになりうると期待される。今後、これら微量要素類の施用方法（上記調査は噴
霧法と土壌施用法）、濃度やその時期などについての検討が必要であろう。

第6節　菌核病の伝染環（infection cycle）

　菌核病菌の生活環を考える場合、この病原糸状菌には越冬・生存器官として、また伝播器官として重要な役割を担っている菌核が存在することを理解する必要がある。さらに、菌糸も被害残渣内や刈株内に存在することによって、水田内で長期間にわたり生存が可能であることが多くの研究によって指摘されていて、この菌糸の存在も十分に考慮した菌核病菌の生活環を考えることが重要である（図6-6-1、図6-6-2）。

　イネの収穫期前後になると，各種の菌核病菌の菌核はその形成部位である葉鞘部から土壌表面上に容易に落下したり、刈取後に被害残渣（水田雑草も含む）に紛れて土壌表面上あるいは土壌表層内に入ったりし、あるいはまた刈株内に入りこんだりする。一方、イネ体上での感染菌糸は収穫後には、通常、刈株や被害残渣の組織内に存在する。このようにして、菌核と菌糸は被害残渣（本文では土壌残渣と記述）や刈株中にあって、また菌核はそのままの形でも翌年の田植え期まで高率に生存する。このうち被害残渣と菌核は、水田に水が引かれると水面上を浮遊・移動し、田植え後のイネ株内の茎数の増加にともない漂着しやすくなる。また、刈株については、水田内移動はきわめて限定的であり、被害残渣や菌核の

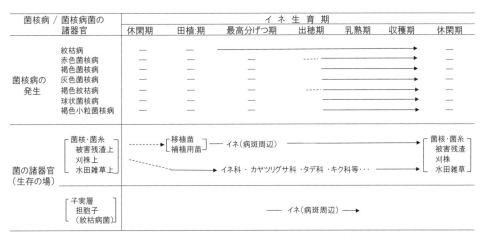

図6-6-1　イネの生育期と各種菌核病発生との関係、および菌核病菌の菌核・菌糸・子実層の水田内における生存・発生状況

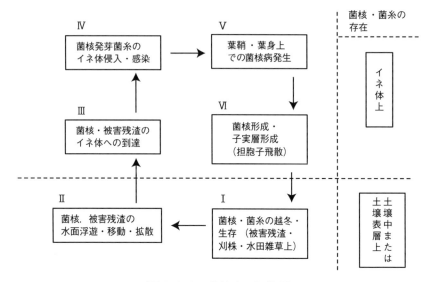

図 6-6-2　菌核病の伝染環

ような広範囲な拡散は考えられない。イネ株に到達した菌核や被害残渣に由来する発芽菌糸は、葉鞘裏面細胞上に侵入子座を形成して侵入し上位葉鞘へ進展する。その結果、紋枯病は最高分げつ期前頃に初発するが、他の菌核病のうち赤色菌核病と褐色紋枯病は出穂期頃、褐色菌核病および灰色菌核病は出穂期 〜 乳熟期頃にいずれも初発する。また、球状菌核病および褐色小粒菌核病の初発時期については詳細な発生調査がみられないが、褐色菌核病や灰色菌核病とほぼ類似していると考えられる。各種菌核病菌の水田中における子実層形成は、紋枯病の場合、その発生間もない頃から認められ乳熟期まで続くが、以後は気温の低下により形成しなくなる。他の菌核病菌の場合については不明であるが、ほぼ紋枯病菌に準ずると推測される。水田内あるいは畦畔等の水田近くに繁茂する雑草も、多くの場合、5 〜 6 月頃から 9 〜 10 月頃にかけて生育が旺盛となる。雑草と菌核病菌との関係については、イネ科植物が最も重要であり、他にカヤツリグサ科、タデ科、キク科も重要であるが、これらはイネの生育時期とほぼ同じ期間中に各種菌核病菌が感染・発病し、罹病植物体上に形成した菌核や菌核・菌糸を含む被害残渣はイネにおける場合と同様に、翌年の田植え期まで生存する。

　以上を取りまとめて、菌核病の伝染環として、水田内で菌核や被害残渣菌糸

が越冬した後のⅠ期から、これら越冬後の生存菌が接種源となってイネに菌核病が発生し、再度、収穫期前後に菌核等が越冬・越年状態に入るⅥ期までの6段階に分けて図6-6-2に記した。この図において、菌核・被害残渣がイネ体に到達するⅢ期からイネ体上で発病して形成された菌核が土壌表面上に落下したり、子実層形成が確認されるⅥ期までは、菌核病菌は基本的にイネ体上に存在する。その後、土壌上に菌核や被害残渣が落下してから越冬（Ⅰ期）して翌年の田植え後の苗に到達までのⅡ期にかけては、菌核病菌は土壌中または土壌表層上に存在する。

引用文献

1. 阿部勝（2014）．農作物病害虫診断ガイドブック．pp.1-14、静岡県植物防疫協会
2. Cu, R.M., Mew, T.W., Cassman, K.G., and Teng, P.S.（1996）．Effect of sheath blight on yield in tropical, intensive rice production system. Plant Disease 80:1103-1108
3. Daftari, L. N.（1966）．Effect of trace elements on *Rhizoctonia*. Indian Phytopathology 21:118-119
4. 荏原薫（1997）．栽培学大要．pp. 175-182、養賢堂
5. 羽柴輝良・内山田博士・木村健治（1981）．イネ紋枯病病斑高率からの被害度の算出法．日植病報 47:194-198
6. 羽柴輝良・山口富夫・茂木静夫（1977）．イネ紋枯病菌の上位進展経過と葉鞘内窒素・澱粉の量的変化．日植病報 48:1-8
7. 早坂剛・藤井弘志・生井恒雄（2000）．育苗期のいもち病発生と菌のケイ酸含有率との関係．日植病報 68:57（講要）
8. 平山成一（1980）．イネ葉鞘に発生する菌核病の現状と問題点．農薬 27（145 号）7-14
9. 平山成一・木村和夫・東海林久雄・田中孝・竹田富一（1982）．イネ褐色菌核病・赤色菌核病の発生生態及び防除に関する研究．山形県農試研報 16:137-167
10. 平山成一・東海林久雄・竹田富一・木村和夫（1981）．イネ褐色菌核病の薬剤防除について．北日本病害虫研報 32:105-106
11. 堀眞雄（1991）．イネ紋枯病．p.324、日本植物防疫協会
12. 堀眞雄・安楽又純・松本邦彦（1981）．日本産イネ紋枯病菌菌株の病原力並びに 2, 3 の形態的，生理的特性，近畿中国農研 62:10-14
13. 百町満朗（2003）．拮抗微生物による作物病害の生物防除．p.245、全国農村教育協会
14. 神領武爾・岩本豊・長田靖之（2001）．ケイ酸カリウム水溶液によるイチゴうどんこ病発生抑制効果 —— 農薬との比較および液体ケイ酸カリ肥料銘柄間の比較 ——．関西病虫研報 43:27-28
15. 門脇義行・磯田淳・塚本俊秀（1992 b）．イネ褐色菌核病に対する 2,3 殺菌剤の防除効果．

島根病虫研報 17:56 - 59

16. 梶原敏宏・梅谷献二・浅川勝（1986）．作物病害虫ハンドブック．p.1446、養賢堂

17. 高坂卓爾・孫久弥寿雄・柚木利文（1957）．稲紋枯病に関する研究．第 2 報　初発生に関する実験的考察．中国農試報 3:407 - 421

18. 倉橋良夫・山口勇（2007）．作物病害防除のための主要殺菌剤．p.84、報農会

19. 栗原憲一・斎藤司朗・宇井格生・生越明・山田昌雄（1978）．箱育苗におけるイネ灰色菌核病の新発生と防除．関東関東東三病虫害研報 25:12 - 13

20. Lee, F. N. and Rush, M. C.（1983）．Rice sheath blight: A major rice disease. Plant Disease 67: 829 - 832

21. 松井秀樹・相良由紀子・郭慶元・荒川正夫・稲垣公治（2014）．各種微量要素及び Si のイネ 4 種 *Rhizoctonia* 属菌の生育，菌核発芽及び紋枯病発病に及ぼす影響．日植病報 80:152 - 161

22. Mohammad, K. A. B., and Kei, Arai（1994）．Evaluation of different rice cultivar / lines by direct sheath inoculation against *Rhizoctonia oryzae*. Mem. Fac. Agr. Kagoshima Univ. 30:55 - 64

23. 中田覚五郎（1934）．作物病害図編．pp.2 - 31、養賢堂

24. 農水省植防課（1993）．イネ疑似紋枯病の発生予察方法の確立に関する特殊調査．農作物有害動植物発生予察特別報告第 37 号 :1 - 26

25. 小野小三郎・山口富夫（1987）．原色作物病害虫百科 1: イネ．pp.59 - 66、農山漁村文化協会

26. Prasad, B., and Eizenga, G. C.（2008）．Rice sheath blight disease resistance identified in *Oryza* spp. accessions. Plant Dis. 92:1503 - 1509

27. 呂照雄・宇井格生（1963）．イネ紋枯病菌の生育に及ぼす Fe, Mn, Cu の影響．日植病報 28:303 - 304（講要）

28. Rodrigues, F.A., Datnoff, L.E., Korndorfer, G.H., Seebold, K.W., and Rush, M.C.（2001）．Effect of silicon and host resistance on sheath blight development in rice. Plant Dis. 85:827 - 832

29. Rodrigues, F.A., Francisco, X. R. V, Datnoff, L.E., Prabhu, A. S., and Korndorfer, G. H.（2003）．Effect of rice growth stages and silicon on sheath blight development. Phytopathology 93:256 - 261

30. 斉藤毅・松沢克彦・栃原吉弘・岩田忠康（1992）．富山県におけるイネ疑似紋枯病の発生と被害について．第 1 報　赤色菌核病の発病推移と収量，品質との関係．北陸病虫研報 40:7 - 13

31. 作井英人・梅原吉広（1984）．紋枯病類似菌による被害と薬剤防除について．北陸病虫研報 32:78 - 81

32. 佐藤仁彦・山下修一・本間保男（2001）．植物病害虫の事典．p.494、朝倉書店

33. 田中亮平（2010）．植物生理学大要—基礎と応用．pp.133 - 152、養賢堂

34. 渡辺和彦（2010）．ミネラルの種類と作物の健康 ── 要素障害対策から病害虫防除まで──．pp.96 - 208、農山漁村文化協会

35. 山口富夫・岩田和夫・倉本孟（1971）．稲紋枯病の発生予察に関する研究，第 1 報　越冬菌核と発生との関係．北陸農試報 13:15 - 34

36. 山崎耕宇・久保祐雄・西尾敏彦・石原邦（2004）．p.1786、養賢堂

37. Yuen, G. Y., Craig, M. L., and Giesler, L. J.（1994）．Biological control of *Rhizoctonia solani* on tall fescue using fungal antagonists. Plant Dis. 78:118 - 123

付図 6-1　田植え前水田におけるイネ刈株（愛知県愛知郡東郷町：5月）

付図 6-2　病原菌接種用のイネポット栽培の準備（名城大学農学部：5月）

■著者紹介

稲垣 公治 （いながき きみはる）

名城大学名誉教授（農学博士）
1943 年生まれ、三重県出身
1969 年、岐阜大学大学院農学研究科修了、名城大学農学部（助手）
1986 年、農学博士（大阪府立大学）
1987 年、米国マサチューセッツ州立大学にて在外研究（1 年間）
1996 年、名城大学教授
2016 年、同大学退職、名誉教授
学会活動：日本植物病理学会評議員、関西病虫害研究会評議員、日本植物病理学会
　　　　　永年会員

イネ菌核病　病原菌の特徴・動きと発生生態

2020 年 8 月 13 日　第 1 刷発行

著　者　稲垣　公治　　©Kimiharu Inagaki, 2020
発行者　池上　淳
発行所　株式会社 **翔雲社**　（関東オフィス）
　　　　252-0333　神奈川県相模原市南区東大沼 2-21-4
　　　　TEL　042-765-6463（代）／ FAX　042-701-8611
　　　　ISBN　978-4-434-27839-6 C1040
　　　　URL　http://www.shounsha.com ／ E-mail　info@shounsha.com
発売元　株式会社　星雲社（共同出版社・流通責任出版社）
　　　　〒 112-0005　東京都文京区水道 1-3-30
　　　　TEL　03-3868-3275 ／ FAX　03-3868-6588
印刷・製本　株式会社 丸井工文社　Printed in Japan